JN296759

核廃棄物と熟議民主主義
倫理的政策分析の可能性

ジュヌヴィエーヴ・フジ・ジョンソン 著
舩橋晴俊＋西谷内博美 監訳

DELIBERATIVE DEMOCRACY FOR THE FUTURE
THE CASE OF NUCLEAR WASTE MANAGEMENT IN CANADA

GENEVIEVE FUJI JOHNSON

SHINSENSHA

Deliberative Democracy for the Future:
The Case of Nuclear Waste Management in Canada
by Genevieve Fuji Johnson
©University of Toronto Press, 2008
Original edition published by University of Toronto Press,
Toronto, Canada.
Japanese translation rights arranged with
University of Toronto Press Inc., Toronto, Canada
through Japan UNI Agency Inc., Tokyo, Japan.

日本語版への序文

私はこの序文を、東北地方諸県を襲った先の災害の犠牲者に対する深い悲しみのなかで書いている。巨大地震、予想をはるかに上まわる津波、そして福島第一原子力発電所から周囲の環境に放出された定量的把握がされていない放射性物質。これら連続した三つの災害のたいへん悲惨な結果は、大量の生命の損失と何十万人もの日本の人々の苦悩と物質的荒廃であった。日本経済も損害をこうむり、そして世界経済への影響が不気味に迫っている。

この序文で私は、発電のために核分裂の利用を進めるすべての国々の政府に、市民と向き合うこと、もっとも重要なこととして、市民の話に耳を傾けることを強く推奨する。本書やその他の著作で、私はカナダの核廃棄物管理機構によって企画され推進された国民協議過程の特性について論じている。カナダの使用済み核燃料を長期的に管理し処分する選択肢についての協議過程（二〇〇二―二〇〇五）の手続きの設計は、熟議民主主義の原則に関連するいくつかの注目すべき特徴を有している。それは、カナダ国民を包摂し、彼らの関心事の多くに応答した、よく設計された協議過程であった。それはおおかた、熟議民主主義の諸原則を実現するという目的を一定程度までなしとげた。たとえば、参加と包摂、手続き上の平等、情報公開、広く正当化されうる公共的な意思決定に向けた相互尊重的な根拠づけである。他の差し迫った複雑な公共的問題における市民関与の試みに対しても、私はこのようなデザインの協議過程を推奨したい。この協議過程そのものは、核廃棄物管理機構が残念ながらその成果をいかに解釈したのか、それをもとにカナダ政府にどのような勧告をおこなったのかということよりはるかに問題が少なかった。

公平を期して言うならば、核廃棄物管理機構は、オンタリオ州、ケベック州、ニュー・ブラウンズウィック州にある約二〇の原子炉から出るカナダの使用済み核燃料の増加する備蓄量を管理することに焦点を当てる、という委任条項に制約されていた。この本でも別のところでも私は主張していることだが、核廃棄物管理機構は、先住諸民族、環境や宗教団体の代表者など、協議過程の多くの参加者の〔原子力エネルギーに対する〕批判的な見解について検討し行動する柔軟性を備えていた。その協議過程を通して広く一貫して表明された重要な関心事、すなわちカナダの発電能力における原子力の役割について広い公衆との議論が必要だという関心事は、カナダ政府に対する核廃棄物管理機構の勧告には組み込まれなかった。現在、核廃棄物管理機構は、カナダにおける原子力エネルギーの是非について公衆との熟議にとり組むことなしに、カナダ政府からの命令でこの国の核廃棄物を適応性のある多段階型で管理し、最終的には深地層処分する計画にまい進している。

この本を書いたとき、私は感情的にも政治的にも、この本の素材や中心的な議論に巻き込まれてはいなかった。つまり、現在と将来世代に対してリスクと不確実性をともなう公共政策の分野における熟議民主主義の手続きや方向づけについての議論にである。その二〇年前、私が一七歳の時にチェルノブイリの大惨事は起きていた。多くの北アメリカの人々と同様、それは遠い孤立した災害のように思われた。多くの人々にとってそれは、世界中に数百ある原子炉所在地の一つの、たった一回の災害にすぎなかった(もちろん、被害にあった人々や家族そして地域社会にとっては、深刻で切実な災難である)。このチェルノブイリの悲劇にもかかわらず、私にとっては、原子力エネルギーが比較的安全であるという主張は十分な説得力があり、やがて調査素材とかかわり、おおむね中立的な態度でインタビューを実施することになった。バランスのとれた事実の提示とかたよりのない評価にとり組むにあたって、自らの個人的な関心を棚上げし、個人的な議論を控えるという研究上の課題は、当時はより容易であった。

先の福島の災害は、私の立ち位置を完全に変えた。先の日本の出来事の強烈な印象によって、環境災害と結びついた巨大な原子力災害の可能性が——確率と規模の組み合わせによる災害把握に対置されるものとして——私の原子力エネルギーについての考察において第一義的なものになった。これほどまで相互に結びついている社会と経済の世界、これほどまで敵対的な自然環境のなかで、原子力エネルギーの巨大な被害の可能性は、それに対して高度に批判的になる十分な根拠である。

政府と規制当局はもはや、広く包括的な公衆との議論を、原子力エネルギーのある一つの側面だけについて実施することはできない。現在、原子力発電の各段階にともなうすべてのリスクについての検討が迫られている。現在、原子力エネルギーの放棄について検討することが喫緊の課題となっている。

この序文における私の主張は、カナダと日本、そして核を保有するすべての国々の政府に対して、原子力エネルギーに関する根源的な問いについて公衆と向かい合ってほしいということである。さらに、市民がしかるべき情報にもとづいてはっきりと表明した利害関心に従って行動してほしいということである。市民の側では、原子力エネルギーのリスクと便益について、そして他の発電方法について知識をもつという役目を果たさねばならない。ほとんどの大規模発電の方法はいずれもリスクをともなうのである。炭素系のエネルギーも原子力によるエネルギーも共に大規模なリスクと関連する。したがって、私たちはまた、私たちのエネルギー需要についてもとり組まなくてはいけない。とりわけ、一つのことははっきりしている。フクシマは、原子力エネルギーについて再考しないことを倫理的に不可能にしたのである。

さいごに、私はこの序文を心からの謝意をもって書いている。法政大学の舩橋晴俊教授、西谷内博美氏、安田利枝氏、北野安寿子氏、小野田真二氏、宇田和子氏、森久聡氏のご尽力にたいへん感謝している。彼らはいくつかの事実上の誤りと文章構成のあいまいさを発見し、私はこの版でそれらを正すことに努めた。彼らの努力は、原著よりもしっかりとした訳書を作りだすであろう。私はまた、東京の新泉社が、この作品を出版することに関心を示し積極的にとり組んでくれたこと、そしてトロント大学出版局と共同してくれたことに感謝している。先の日本の悲惨な出来事を考えると、私はこの出版の機会を得たことにたいへん感謝しており、これを軽く受け止めることはできない。

私たち全員がたいへん困難な時期に直面している。それらの困難な課題に立ち向かうために、今こそが、熟議民主主義の見地からの拡大された市民参加とエンパワメントの時である。

二〇一一年六月一八日

ブリティッシュコロンビア州バンクーバーにて

ジュヌヴィエーヴ・フジ・ジョンソン

CONTENTS

凡例

原文中のイタリック体は訳文では傍点を付し、原文中の“ ”は訳文では「 」で示した。また一部の語句にはその下に（ ）で原語を添えた。

〔 〕は訳者の補足である。5章の小見出しは理解の便のため訳者が独自に付したものである。原注・訳注は巻末にまとめた。——監訳者

ブックデザイン——堀渕伸治◎tee graphics

謝辞

本書は多くの友人や同僚からの支援を受けて完成した。本書の基本的な構想は、私がモントリオール大学倫理学研究所に博士客員研究員として在籍していた二年間に成立した。その機会を与えてくれた研究員の方々に謝意を表したい。とくにダニエル・ウェインストックの支援と友情に感謝したい。セリーヌ・ネーグル、アビゲイル・アイゼンバーグ、そしてウェイン・ノーマンは本書の重要な部分について積極的に意見を述べてくれた。コリン・マクラウドはとりわけ本研究全体の理論的明瞭さを高めることに支援してくれた。さらに「チーム二〇〇四―二〇〇六」のメンバー全員がすばらしい同僚であり、私は彼らの一人ひとりから多くのことを学んだ。

サイモンフレーザー大学のデイヴィッド・レイコック、マイク・ハウレット、そしてスティーブ・マクブライドは偉大なシリーズ編集者というだけではなく、思いやりある同僚でもある。ヨシキ・カワサキとの対話を通じて、政治学における解釈および質的調査のための確たる手法の重要性を確認した。偉大な同僚に加えて、私は幸運にも四人の優秀な学生たち、マリア・アオキ、リンダ・エルモース、ジュリー・マッカーサー、そしてターニャ・ギブニーから研究支援を得る機会に恵まれた。

トロント大学で出会った人々にも謝意を表したい。ロナルド・ベイナー、リチャード・シメオン、そしてジョー・ウォンはこの研究の初期段階において非常に有用な洞察を与えてくれた。ミシェル・ボナー、エレン・ガターマン、サラ・ハートレー、そしてジュリー・シモンズは鋭い洞察と固い友情を与えてくれた。また、シルビア・バーシェフキン、グレース・スコッグスタッド、ロブ・ヴァイポンド、そしてジョーン・カリスもたいへん協力してくれた。トロント大学出版局のバージル・ダフの長きにわたる支援にもとても感謝している。

　私は二人の親愛なる友人にもお礼を言わねばならない。メリッサ・ウィリアムズは卓越した博士論文の指導教員であった。私がトロント大学に在籍していたときの、彼女の根気強い巧みな指導がなかったなら、本書は存在していないだろう。彼女の精神力、思考の明瞭さおよび批判的基準は今でも私を刺激し続けている。コール・ハリスからの親切で、しかし鋭い批判的な指摘にも謝意を表したい。ご存知のように、コールは素晴らしい学者でありカナダの真の宝である。

　最後に、家族に最大の謝意を表したい。ツネコ・コクボ、ポール・ギボンズ、マレー・ジョンソン、アーロン・ジョンソン、カイラ・ホワイト、セス・ジョンソン、エッコ・イズミ、エイコ・コクボ、そしてパトリシア・ローゼンブルーム＝ギボンズは私をずっと支え続けてくれた。二〇〇六年二月に他界した亡き祖父、ヒデオ・コクボに本書を捧げる。祖父は核廃棄物とはなんら関係がなく、ましてや道徳や政治理論とも関係がない。しかし、彼は彼自身のやり方で、彼が真実で正しいと信じるものを擁護した。彼は思いやりや寛大さ、そして勇気という美徳を体現した。もっとも重要なことに、彼は啓発に努め、そしてたいていはそれをなしとげたのである。

1

核廃棄物問題と本書の視点

本書は、リスク、不確実性、長期的結果に結びついている公共政策の諸領域を分析するための、熟議民主主義の枠組みについて論ずるものである。[*1] バイオテクノロジーやナノテクノロジーの開発、大規模発電、そしてもちろん核廃棄物の管理を含め、今日の多くの政策領域は、現在と将来にわたって深刻で破滅的でさえある社会的、環境的な危険と結びつく可能性をもっている。ある政策決定は良い結果を意図して入念に計画されたものであっても、人類、社会、文化および自然環境に対し、何千年にわたる非常に深刻で先鋭なかつ確率的に生じる被害をもたらす可能性をもつ。そして、そのような被害を回避もしくは最小化するための決定を下すことは非常に困難なものになりうる。なぜなら、これらの被害をとり扱うための最良の方法をめぐり多くの不確実性や対立が存在することは言うまでもなく、被害の可能性と規模について私たちが理解するには、認識論的、方法論的な限界が数多く存在するからである。とはいえ、私たちがそれらの政策とその恩恵を必要としていることは疑いようがない。なぜなら、それらの政策の多くは、病気、干ばつ、飢餓、エネルギー不足、有害廃棄物といった差し迫った公共の問題に対して、強く望まれ、強く必要とされて形成されるのだから。多くの政策が抱える矛盾は、それらが重大な問題に対処し社会的、経済的な利益を創出する一方で、非常に深刻な被害を引き起こす可能性を有していることである。その深刻な被害は、現在および将来の人々、社会関係、自然環境に多大に影響するものであり――すなわち、個人の道徳(moral)的平等、自由、自律に関する諸条件に多大な影響を与えるのである。[*2]

望まれ必要とされる政策が非常に深刻な社会的、環境的リスクを発生させたり悪化させたりする可能性をともなう場合、それらの政策についての倫理的な評価ならびに正当化への要請が生じる。そして、将来の影響について固有の社会的、科学的な不確実性は、この要請をさらに強化する。すべての公共政策は人々を拘束したり、あるいは少なくとも人々に広く影響する。それらはなんらかのかたちで、また程度に差はあれ強制的である。問題はこの強制をいかに正当化するかである。このことは、現在世代と将来世代に対してリスクと不確実性をともなうような事案においてとりわけ重要である。

本書はカナダの核燃料廃棄物管理政策に焦点をあてる。[*3] カナダは、他のOECD（経済協力開発機構）諸国と同様、原子力の新たな急成長を目前にしている。オンタリオ州は原子力エネルギーに馴染みが深く、核分裂から約五〇パーセントのエネルギー供給を受けている。将来のエネルギー供給に起こりうる困難を回避するため、この州は石炭から原子力へと移行しつつある。沿海州では、ニュー・ブランズウィック州政府がポイント・ルプローに二基目の原子炉を建設することを検討している。またカナダ西部でも、カナダ原子力公社（AECL）とエネルギー・アルバータ社がオイルサンド事業[訳注1]に共同でエネルギー供給をするための方策として原子力の採用を検討している。原子力発電とその廃棄物に関連して起こりうる被害の規模、社会的および科学的な不確実性の扱いにくさ、放射能減衰の時間枠の長さ、原子力支持陣営と原子力反対陣営の歴史的対立、政治的エリートのあいだでの原子力という選択肢に対する支持の上昇といった事柄を考慮すると、カナダの核廃棄物管理政策は、差し迫った倫理的課題の好例である。核廃棄物管理政策は、たんに応用倫理学に関係する人々にとっての興味深い事例研究というだけではない。より重要なことに、これは社会的・環境的に切迫した非常に重要な政策なのである。

私は、正義と正統性についての概念解釈（conception）に関して明確な諸原則を有している倫理学の三つの大きな学派、すなわち功利主義、現代義務論、熟議民主主義について検討する。功利主義は政策決定において、費用便益分析に関連させて、感覚をもつ生物の福祉を最大化することを探求する。現代義務論は、標準的な意思決定原則を人々の道徳的平等にもとづく実質的な規範原理によって補完することを探求する。熟議民主主義は、影響を受ける可能性を有する多様な人々のあいだの、正当と認められる合意に向けた意見交換を政策過程に組み入れることを探求する。これら三つの学派のなかで、熟議民主主義が公共政策の倫理的な分析に対し、もっとも強力な分析枠組みを生みだすのである。

功利主義にも義務論にもそれぞれの強みはあるが、熟議民主主義は、現在世代だけでなく将来世代にもさまざまな影響を与える論争的な政策決定を、倫理的に正当なものとするのにもっとも有益である。熟議の分析枠組みは、包摂、平等、相互尊重性、予防、合意に関しての決定力ある諸原則を政策決定者に提供する。これらの諸原則は、現在および将来の人々に対する危険と関連する領域で生じる規範的な対立を、政策決定者が正当性をもって解決するよう導くことができる。それゆえ、これらの諸原則は、そのような公共領域において正統性と正義の両方を促進することができる。

次章では、リスク、不確実性、将来の状況（futurity）訳注2 についての倫理的課題について詳述する。これらの課題は、実証主義による政策分析では不十分にしか扱われない。それにもかかわらず、実証主義による政策分析は公共政策の形成、実施、評価の主流のなかで優位な位置を占める傾向にある。しかしながら、広範囲にわたる危険と結びついている政策は、正統性と正義についてのより広い基準とより豊富な要件に照らして正当化されるべきなのである。また決定性（determinacy）も重要である。現実世界の文脈においてなされるいかなる倫理的政策分析の枠組みも、決定力を有し、かつ適用可能な諸原則を生みださなければならない。

正義、正統性、決定性の基準に関するより具体的な理解のために、カナダの核廃棄物管理政策を検討する。第3章では、この政策領域での重要な発展の概略を示す。それは競合する言説を主張する諸行為主体の二つの陣営――産業界の代表と行政官からなる主導的推進派と、宗教および環境団体の活動家と先住民族代表からなる批判派――により規定されてきた。

第4章では、正義、正統性、決定性の基準を満たすにあたっての具体的課題を浮かび上がらせるため、本事例のより詳細な解明をおこなう。そのために規範的対立を引き起こす五つの断層線を確認する。それらは（1）将来世代、（2）安全性とリスク、（3）負担と受益、（4）包摂（inclusion）

とエンパワメント、(5)説明責任と監視、である。これらの課題にとり組むには、倫理的政策分析の枠組みがつぎの(a)~(d)を含む必要がある。(a)政策の熟議において現在と将来の人々を包摂することを合理的だとする道徳上の地位の根拠、(b)現在世代と将来世代の両者に言及する、良さ(the good)[訳注3]についての理論、(c)現在世代と将来世代の両者に適用可能な正義という概念の捉え方、(d)政策決定者と彼らの決定により拘束されたり、影響を受ける現在と将来の人々のあいだの関係を、正統なものとさせるような実質的、手続的な基準。くり返すと、これらの要素のすべてが、政策決定者に対し政策の方向性を決定づけうるものでなくてはならない。

第5章では、福祉功利主義と現代義務論の長所と短所を検討する。ここでは、これらの学派にもとづく倫理的政策分析の枠組みが有望に見える一方で、(a)、(b)、(c)は提供するが(d)を提供しないことを論じる。福祉功利主義と現代義務論が(d)の正統性をもたらす基準を完全には提供しないということは、政策提案が正当性を欠くというだけでなく、決定性にも欠けるため問題である。

さらに第5章において、熟議民主主義の理念から導きだされる倫理的政策分析が、いかに四つの要素のすべてを提供するかについて詳述する。熟議民主主義は非決定性の問題から免れていない一方で、公共政策の決定における正義と正統性と、それゆえ正当化をよりよく保証している。熟議民主主義の理念は、現代の政策に関する熟議において、現在世代と将来世代の双方の根本的な利害を包摂するための道徳的正当化を提供する。この理念は、現在および将来の人々の根本的な利害について、彼らを拘束したり影響を与えたりする政策を、そのつどくり返し正当性をもって策定するための基本的条件という視点から、概念的に把握することを可能にする。そうすることで現在および将来の人々の道徳的平等、自由、自律のための諸条件を支えることになるのである。これらの根本的な利害に関し、現在世代の熟議の参加者は、自分たちのあいだで相互尊重性の論理で議論することと、将来世代と向き合い予防的な論理で議論することを、熟議民主主義の理念により教えられる。予防的な観点から立論する目的は、将来世代が、過去になされたものであるけれども彼らの時代において彼らを拘束したり彼らに影響を与えたりするような決定を見直し、必要な場合には改定することをもっとも可能にしうる条件を残しておくことである。この立論は、現在の私たちの決定において将来世代の根本的な利害を考慮することによって、また将来世代が彼らの時代が来た時に過去の政策決定にくり返し立ち返ることを可能にしようとすることによって、彼らにまで民主主義の理念を拡張するのである。

結論の章では、公共政策分析のための熟議民主主義の枠組みの有望さを強調するとともに、後に残る問題も確認する。近年のカナダにおける核廃棄物管理の展開は、リスク、不確実性、将来的帰結および倫理的対立をともなう諸領域において、熟議民主主義による政策分析がいかなる可能性と困難を有するかを明らかにする。熟議民主主義はたいへん有望である。しかし、その有望さは、現代の公共政策の多くの領域に存在する諸陣営と諸行為主体のあいだの権力関係をどう扱うかによって左右される。この結論は熟議民主主義の理論と実践に対してだけでなく、リスク、不確実性、および将来の状況が問われる時代における倫理的な性格をもった公共政策に対しても示唆深いものである。

2

倫理的政策分析とその重要性

本書は、応用倫理学における多くの研究プロジェクトと同様、公共政策がもつ強制的な要素に照らして、人々の道徳上の平等、自由、自律のための諸条件をどのようにして維持するかという関心によって支えられている。私がとくに関心を抱く公的な強制とは、政策によって生みだされたり、悪化させられるような深刻なリスクをともなう種類のものである。つまるところ、私たちの自由と自律の条件は、私たちの健康、社会の健全性、自然環境の健全性とに根本的に結びついているのだが、それらすべてが私たちの政策によってリスクにさらされる可能性がある。強く望まれ、また必要でもあるのだが、現在および将来の人類、人類以外の生物種、そして自然環境に対して深刻な人為的リスクと結びつくかもしれない政策がある。私は、そのような政策を評価し正当化するための方法を倫理的に探究する。本章では、リスク、不確実性、および将来の状況の特徴と倫理的政策分析の重要性について議論する。

リスク、不確実性、および将来の状況

「人間に由来するリスク」とは、人々の諸活動、とくに産業、技術、科学的発展に関連する諸活動によって生みだされる深刻な被害の可能性のことである。「リスク」とは、一般的には、望ましくない結果が起きる確率とその規模の積で表わされる。*1 もちろん、すべての活動はなんらかのリスク

と結びついている。また、リスクを回避するための努力は、対抗リスクを引き起こす可能性がある。対抗リスクはもともとのリスクとくらべ、確率と規模の一方が、もしくはその両方がより大きいかもしれず、結果的により危険な可能性もある。私たちはリスクの回避を目指すことはできる。しかし、たとえ最善の場合であっても、リスクを最小化し管理することのみが可能ということがしばしばなのである。

多くの政策において、リスクは単一ではない。多くの起こりうる被害は、科学的不確実性をともなっている。すなわち被害の性質、原因および影響についての十分な科学的知識に到達することを制約する、あるいは遅らせる認識上の無知が存在するのである。*2 この種の不確実性は、被害の起こりうる確率と規模を判定するための科学的検証の不可能性、データセットの不足、そしてデータ分析の不適切性に起因する。それは、望ましくない結果が起きる確率とその規模を判定するための根拠が不十分であることに関連している。厳密に言えば、不確実性の問題はリスクの一つではない。しかし、不確実性はしばしばリスク評価の過程につきものであるため、私たちは不確実性を、リスク評価にもとづく多くの決定の本質的特徴として述べることができる。

クリスティン・シュレーダー＝フレチェットは、技術的なリスク評価あるいは定量的リスク評価（QRA）における数種類の不確実性を特定した。*3 シュレーダー＝フレチェットによると、分析枠組みを設定するにあたっての不確実性は、二つの値（受容可能か、受容不可能か）あるいは三つの値

（受容可能か、受容不可能か、もしくはデータ不足なのか）のどちらの枠組みを用いるのかという問いを呼び起こす。[*4] リスク評価の決定は一般的に、提案された活動、技術あるいはシステムについての受容可能性もしくは受容不可能性という二値的な選択に関係する。しかし、ある一定のリスク評価においては——とくに核廃棄物管理のような高度な利害関係を含む場合は——明示的にデータ不足に言及する三値型の分析枠組みを用いるほうがおそらくより適合的だろう。

モデルを構築するにあたっての不確実性は、非常に長期間にわたって機能する複雑なシステムについてのモデルの妥当性を確認し、検証するという問題にかかわるものである。[*5] 科学、技術および環境の多数の分野で扱われる時間枠を考えれば、特定のモデルを現実に照らして点検することも、それらのモデルにもとづく仮説群の検証をおこなうこともしばしばまったく不可能である。たとえば、私たちは核廃棄物管理システムの想定される稼働期間にわたって、その挙動を観察することはできない。

統計の不確実性は、第一種過誤〔偽陽性〕と第二種過誤〔偽陰性〕[訳注4] のどちらを回避するかの優先順位についての問いにかかわるものである。[*6] 定量的リスク評価は偽陽性の回避、すなわちXがYの原因であるとする誤った結論を回避しようとする傾向がある。それは事実上、事業案と望ましくない結果との因果関係を仮定する人々に挙証責任を課すことになる。つまり、因果関係があると訴える人々こそが、その因果関係を証明する責任を負うのである。しかしながら、大規模なリスクをともなう多くのケースでは、偽陰性の回避、すなわちXがYの原因ではないとする誤った結論を回避するほうがよい場合があるだろう。つまり、潜在的被害をともなう活動や技術の提案者に挙証責任を転嫁するのである。

最後に、決定理論の不確実性は、期待効用ルールとマキシミンルール[訳注5]のどちらをいつ用いるべきかについての問いにかかわるものである。[*7] ここでの問いは、評価者が、平均的な期待効用や福祉の最大化か、あるいは最悪の結果が起きる機会の最小化か、そのどちらを選ぶべきなのかということに関係している。これらすべての不確実性の形態は、リスク評価者がより遠い将来を見つめるほどさらに増大する傾向にあり、たとえば核廃棄物管理における意思決定をさらに困難にする。使用済み核燃料の放射性減衰は、潜在的には数十万年の期間に及ぶ。そのような長期間にわたる放射能をもつシステムのリスク評価は、起こりうる事象や過程をとり巻く不確実性を考慮すると事実上意味がないのである。

リスクのもう一つの仲間は将来の状況である。「将来の状況」(futurity)とは、現代の私たちの実践や技術が、将来世代に影響することへの明示的な懸念を表わしている。[*8] グレゴリー・カフカは将来の状況についての道徳的問題を扱った最初の現代哲学者の一人であり、彼は主としてそれを、将来の人々の状態(status)と地位(standing)の観点から考えていた。[*9] 彼は、将来の人々を、私たちと道徳的に平等な存在として考慮すべきか否かについて大きな関心をもっていた。カフカによって問題提起されたように、「愛、友情、契約上の義務のような特別の関係にもとづく事柄を脇に置くならば、道徳的な意思決定において、現在の人々と将来の人々の諸利害に同等の重み付けがなされるべきだろうか」[*10]。カフカは、将来の人々の時間軸上の位置も、彼らの諸利害についての知識不足も、彼らを私たちと平等に扱わないことを正当化しないと主張した。カフカによれば、現在の人々と将来の人々との平等な道徳的状態を鑑みるならば、私たちの世代はこの地球を、先祖から受け継いだのと同じように豊かな自然のままで後世に残すことを共通の目的にすべきである。これは直観的には十分な結論であるが、異論がなかったわけではない。

この誰もがもちうる基本的な直観は、とくに一九七〇年代に、将来世代への責任と義務についての多くの哲学的論争の題材となった[*11]。これらの論争は、人間の形而上学的な分類、現在の人々と将来の人々とのあいだの道徳的に有意な違い、将来の人々にとっての福祉という概念の解釈、将来の人々の権利の正当化、その他それに類する主題について詳細に説明するがゆえに、とりわけ抽象的であった。また、これらの論争は、分析哲学と道徳哲学の領域にほぼ限られていたが、政策立案者が無視すべきではない問題を明らかにした。つまり、今日の政策決定の多くは、将来の人々、社会および環境にとても広く影響する可能性があり、また影響するのである。

私たちは将来の状況にかかわる諸問題を過小評価すべきではない。それらは私たちにたいへん困難な問いを提起し、さまざまな能力の向上を要求する。それは多くの公共政策を評価する能力、その長期的な結果を予測する能力、将来の帰結とそれに関連する不確実性領域を特定する能力、そしてそれが引き起こすかもしれない深刻な被害を軽減する能力である。私たちの道徳的思考は、将来の人々の状態、彼らが思い描く良さの基本的考え方、彼らの正義と正統性についての概念解釈において必要とされる条件、彼らに対する私たちの責任と義務といった将来の状況が提起する問いによって試されているのである。

デレク・パーフィットは、おそらく他のいかなる現代哲学者よりも鋭く、後世と私たちとの関係の問題性を詳細に説明した。[*12] 彼の洞察力に満ちた最大の貢献は、現在おこなわれる決定が将来の人々の同一性（identity）に影響するという事実にもとづく「非同一性問題」であった。[*13] パーフィットが主張した問題とは、さまざまな政策は、人がいつどのようなことを考えるかに影響し、そのため人の同一性に影響するということである。私たちが将来の人々の福祉向上という関心に動機づけられた意思決定をおこなったとしても、道徳的見地からすれば、それらの決定はまったく重要ではないかもしれない。なぜならば、それらの決定は私たちが最初に考慮した人々ではなく、存在するに至った異なる人々に結果を及ぼすであろうから。よってパーフィットは、たとえこれらの決定が実施に移されたとしても、将来の人々がそれなしに享受するであろう福祉よりもより高い水準の福祉をもたらすことはないかもしれないし、それどころか、それらの決定は、それなしに存在したであろう人々とは異なる人々の集団を作りだすことになるかもしれないと主張した。パーフィットが、世代間の、より限定的には世代を超えた文脈における道徳的思考の矛盾を明らかにしたことは非常に意義深い。それは、彼の議論を参照せずに、将来世代に対する責任と義務を議論することはおよそ不可能であることを示したのである。*14

リスク、不確実性および将来の状況といった政策上の特質が騒然たる社会的対立を引き起こす傾向があることは驚きではないだろう。この対立において関心が集中するのは、政策決定において、いかなる価値観、利害、根拠が明確にされるべきか、それらはどのように、また誰によって明確にされるべきかという点である。たとえば、今にも危険にさらされるかもしれない地域住民は、潜在的に有害な活動、技術あるいはシステムを提案する産業の代表者や政府職員にしばしば立ち向かっていく。ある提案が広範囲に及ぶ被害を引き起こす可能性がある場合には、地域住民などの諸主体と産業の代表者や政府職員などの諸主体は、経済、社会、および環境に関連する問題について頻繁に対立する見方をもつ。*15 リスク評価の各段階を覆う不確実性は、しばしば競合する見方をより際立たせるだけである。

さらには、リスク概念の設定の仕方そのものやリスク評価で用いる言葉に関しても、しばしば競合する見方が存在する。リスク評価やリスク管理の分野で訓練してきた専門家は、たとえば死亡者数、致命的な癌の患者数、損失した耕作地のヘクタールなど数字を用いて表現することが多い。反対に、地域住民、環境NGOの代表者、先住民族などを含む他の分野の専門家は、リスク評価やリスク管理の専門家ほど数値化することを重視せずに話すことが多い。彼らは個人と地域社会の自律、社会の福祉とまとまり、そして自然の一体性といった価値により関心をもつ傾向がある。彼らは危険の特定、シナリオの開発、モデルの構築、そしてリスクの受容可能性の決定において、より大きな権限と参加機会が与えられる役割を求める傾向がある。社会正義および環境正義と参加民主主義的正統性に対する明確な関心を表明する人々はしばしば、技術の専門家と産業の代表者の意思決定における優先性に対して挑戦し、一定の政策領域において意思決定を特徴づける科学的、技術的、経済的発展に対する信仰に挑戦する。しかしこれらの挑戦は、逆に批判する人たちこそが、より安全で、より豊かで、より効率的で、より正当な未来に向けた進歩を不当に減速させているという強い反論を引き起こすことも少なくない。

現代世界の多くの事例をとり扱うことができるような倫理的政策分析の枠組みは、リスク、不確実性および将来の状況という諸要因から起こる倫理的ジレンマについて説明すべきで、またそれに応答することが求められる。そのような分析は、これらの政策上の要因から起こる対立や多くの政策の規範的次元に存在する対立の正当な解決に貢献すべきである。次節では、倫理的な分析枠組みのいくつかの候補を明らかにするため、北アメリカの政策分析の歴史をたどる。

実証主義と、非実証主義による批判の台頭

かつての政策分析の手法はおもに実証主義的であった。このことは政策決定の裏に潜んだ倫理的問題を曖昧にするという不幸な結果をともなっていた。[*16] 実証主義は、倫理的問題を曖昧にするという点ではかなりかけ離れているが、オーギュスト・コントが「実証哲学」と名づけたものに由来している。[*17] 実証哲学は、彼が科学的知識を統一的な法則体系に再編したものである。経験主義の有望さは、一九世紀の実証哲学とその後継である二〇世紀の論理実証主義の発想に刺激を与えた。[*18] メアリー・ホークスワースが書いたように、実証哲学者は「真理を決定的に明らかにする」ための方法を見つけることに懸命にとり組んだ。[*19] これらの哲学者は、真理についての知識は観察、あるいはより一般的には経験から得られると強く断言した。彼らは、世界についての命題、すなわち偶然的命題[訳注6]は経験的に検証可能な場合にかぎり意義があると主張した。論理的規則にもとづく分析的あるいは先験的な真理とは対照的に、偶然的真理[訳注7]は自然世界において検証可能な事象に即して理解された。より厳密には、自然世界あるいは社会的世界に関する検証不可能な主張は、非科学的というだけでなく、無意味なものとみなされた。そうして、形而上学的、美学的および道徳的な主張は、それを唱える本人以外の人々に対しては意味がないものとして却下されたのである。

経験的検証に加え、実証主義者は知識形成の中心的方法として帰納法を採用した。事例の体系的な観察は、時を経て外部世界の存在あるいは事象の関係のなかに規則性を発見する方法として、そして経験的現実についての一般法則を形成する方法として理解されるようになった。したがって、科学の目的は、現実を特徴づける出来事のパターンを説明し予測するために、これらの一般法則を体系化することであった。ホークスワースが書いたように、この目的に向かって進むために、実証主義者は「事実（経験的に検証可能な命題）、仮説（観察された事象のあいだにある関係性を主張する経験的に検証可能な命題）、法則（観察された事象のあいだの一定の順序や関連性を主張する経験的に確証された命題）、理論（説明力のある相互に関連した法則体系）」を含む専門用語を作りあげた。[20]

この検証の基準に対するカール・ポパーの批判を継承しつつ新実証主義者は、知識を蓄積するためのより確かな研究方法は、因果関係の一般化を経験的に反証するための厳格な試みにあると考えている。ポパーは、帰納法も〔肯定的証拠による〕検証も実証主義者が求める真理という目標に完全には到達できないと主張した。[21] 彼の基本的な批判は、ホークスワースによって要約されたように、「未来はつねに過去とは異なりうるのであるから、限定的な観察にもとづく一般化は必然的に不完全であり、それ自体としては誤る可能性が大いにある」というものであった。[22] それゆえ、帰納にもとづく一般化は真であると仮定しえない。ポパーは、科学者が現実に対する彼らの推測を試すメカニズムとして反証を提案した。ある理論を証明することは、いくら肯定的事例を集めても可能にならないが、反証にはたった一つの事例で十分である。ホークスワースの言葉では、反証のための「たゆみない探究」が科学的努力の特徴となった。[*23]

政策分析の基本文献には実証主義と新実証主義の特徴があちらこちらに存在する。フランク・フィッシャーによれば、実証主義の仮説群はそのまま「研究方法論の教科書の材料」になりうるという。[*24] 事実と価値の分離および価値の中立性についての実証主義者の考えは、たとえばシステム分析、プログラム評価、定量的リスク評価、費用便益分析に表われている。ダン・ダーニングが記したように、分析者が経済学の諸概念を用いる際、「彼らは、この分析枠組みには、彼らの助言に影響するような価値観は含まれておらず、またこの分析枠組みの活用は、自身の価値観や彼らの助言に影響するような他の価値観なしに可能であると想定している」。[*25] アルバート・フローレスとミカエル・クラフトは、リスク分析の公式の諸方法は魅力的であると記している。なぜならそれらの諸方法は、公共政策の多くの分野に横たわる安全性の概念解釈に関連する論争的課題にとり組むための「体系的で客観的な方法を提供しているように思われる」ためである。[*26] ホークスワースは、政策分析を規定する理想の一つとして価値中立性に訴えることは、科学としての政策分析を際立たせ、「バイアス、歪曲および意図的な操作」から自由でいることを保証する意図があると記している。[*27]

また政策分析の主流は、いわゆる意思決定の合理的モデルにもとづいている。[*28] このモデルは、政策目的の選択、代替案の検討、影響の評価、基準の決定、好ましい選択肢の実施、結果の評価を含む。レスリー・パルが書いたように、「合理的モデルには、最小の費用で最大の結果を提供する選択肢を選ぶこととして定義される（中略）効率性への強い関心が埋め込まれている」[*29]。効率性の原則は、完全競争市場という理想、すなわち個々の主体のあいだで財を交換するための完全競争の場という理想に由来する。完全競争市場は各人の選好あるいは効用を最大化するように財の交換を進めていく。効用は満足、喜び、幸せあるいは福祉に関するある主体の認知として定義される。各主体は、それぞれが消費する財の量を効用指標に換算する効用関数をもっていると理解される。それによって表わされた数値が高いほど、より大きな効用を意味する。ある主体がもついかなる財であれ、他のすべてが等しいならば、その量が多いほどより大きな効用がある。デヴィッド・ワイマーとアイダン・ヴァイニングは、「利潤を最大化する会社」と「効用を最大化する消費者」が多数存在する理想的な市場では、生産と消費に一定のパターンが示されると書いている[*30]。彼らの主張によれば、これらのパターンが効率的であるのは、他の人をより悪い状態にすることなしに、ある人をより良い状態にするようなかたちでパターンを変えることは不可能であるような場合である。パレート最適は、他の人の効用を低下させることなしに誰の効用も増大させられない時に達成される。この意味において、効率性は一般効用を最大化することを保証すると信じられている。この見方に従えば、政策の必要性が生じるのは、外部性、公共財および自由市場の歪みを原因として、現実世界の市場において完全効率を達成するための能力が不足しているからである。したがって、政策形成、実施および評価における費用便益分析（CBA）とリスク費用便益分析（RCBA）は、効率性を妨げるものにとり組むことを目的としている。

ガイ・ピーターズは費用便益分析を「政策分析の主要な方法」[*31]と、ミカエル・ムンガーは「もっとも一般的に用いられる決定分析の形態」[*32]と書いている。カナダの文脈で、パルはそれを政策評価で用いられる「主要な技術」と説明している。[*33] 北アメリカにおいては、費用便益分析は一九八〇年代に政府支出を最小化するという関心の高まりを受けて始まった。[*34] モデルとしてのそれは、つぎの四つの基本的段階から構成される。第一段階では、一定の政策選択肢の影響を特定し、それらを費用便益分析の対象と認められる人々にとっての費用もしくは便益として分類する。第二段階では、対象と認められる人々の機会費用と支払意思額を特定することにより影響を貨幣価値で評価する。これらの費用と便益の貨幣価値での評価方法は、社会的余剰の変化を見積もるための手引きとして役立つ。第三段階では、時間とリスクに注目して割引の計算をおこなう。これは異なる時間で生じる費用と便益を比較するための基礎となる。ワイマーとヴァイニングが説明するように、人々は一般的に「今日の一ドルに明日の一ドルの約束以上の価値を認める。彼らは一般に一ドルの価値が期待される宝くじよりも、確かな一ドルをより好むのである」。[*35] 異なる時間に生じた費用と便益は、そのようにして正味の現在価値へと割り引かれることになる。ある政策が時間とリスクについての割引をした後で正の純便益を提供でき、パレート改善もしくはカルドア・ヒックス基準——利益を得る人々が損をする人々に完全に補償したうえで、なおかつよりよい状態となる基準——を満たすと分析者が判定するならば、そのような政策は採用されることになる。

費用便益分析の直系の子孫の一つが、リスク費用便益分析である。リスク費用便益分析は費用便益分析と定量的リスク評価（QRA）の合成体である。費用便益分析と同様に、定量的リスク評価は一般に採用されている政策の意思決定モデルの一つであり、定量的リスク評価も一九八〇年代に始まった。定量的リスク評価の基本的前提には以下の四つが含まれる。（1）リスクは被害が起きる確率にその規模を乗じた値として定義される。（2）その確率は客観的で実証的に決定され、定量的に表わされる。（3）被害は特定され、定量化され、測定され、重み付けされることができる。（4）リスクの受容可能性は「最大化」基準に従って合理的に計算ができる。一般的に、リスク評価の基本的手続きはつぎの三段階に分けられる。それは、有害性特定（あるいは問題の定式化、有害性評価、有害性影響評価として知られている）と、リスク推定（ときおりリスク分析と言われるが、それは用量—反応評価と暴露評価、あるいは暴露評価と影響評価により構成される）、リスク判定（ときおりリスク評価と言われる）である。*36

リスク費用便益分析では、有害性をともないうる活動から生じる便益が、それに関連するリスクと費用よりも上まわるかどうかを判定する。この分析手法は、ある活動にいかなるリスクがともなうのか、どのような解決策が提案されるのかということを明確にすることから始まる。提案された解決策ごとに、もっともな根拠をもって予測されうるリスク、費用、そして便益を含む一連の結果が確認される。フローレスとクラフトは、「リスクと便益は通常、同じ単位で測ることのできない量である」ため、それらは共通の尺度――通常は金銭的な尺度――で表わされなければならないと記している。[*37] ひとたび提案されたそれぞれの選択肢の結果がこれらの共通尺度に落とされたなら、便益に対する費用とリスクを評価し、何が受容可能であるかを決定するための共通の土台を想定することができる。リスク費用便益モデルでは、便益が適切に設定されたリスクと費用の限界値を超える場合に、有害性をともないうる活動は受容可能となる。

実証主義に対する批判は、米国学術界における行動論革命の後期に起こった。[*38] それらの批判は、たとえば費用便益分析、定量的リスク評価、リスク費用便益分析といった政策決定の手法それ自体に向けられたのではない。批判を受けたのは、手法というよりもその利用についてであり、とりわけ経済学者的な研究方法を採用した人々に対しつぎの点について異議を唱えたのであった。彼らが、(1) 用いた分析手法、技術、政策手段の価値バイアスを認識していないこと、(2) 政策への貢献において価値中立という神話を抱えていること、(3) 政策決定が表面上は価値中立の尺度でおこなわれ、自由な代議政体の過程のなかで採択されるとき、政策決定は正統かつ正当であると想定していること、の三点である。費用便益分析、オペレーションズ・リサーチ、システム分析、決定理論の使用を批判して、ローレンス・トリーブは一九七二年につぎのように述べている。「技術それ自体には実質的な内容はなく、それは合理的な方法で思考を整理するための価値中立的な装置以上の何物でもないという神話は消滅していない」[*39]。トリーブは費用便益分析を採用することは、「ハード」の価値、すなわち定量化が可能な価値のみを組み込み、生態学的均衡、損なわれていない原生自然、種の多様性、都市の美観、地域社会のまとまり、身体の健全さといったさまざまな「ソフト」の価値を無視していると主張したのである。

トリーブ以降、多くの人が類似の主張をした[*40]。たとえばジョン・ロールズは、実証主義者の手法はすべての価値を定量的なものへと縮減するだけでなく、将来世代よりも現在世代の道徳上の優先性を支持しているという理由で批判した[*41]。将来世代への義務に関する初期の議論においてロールズは、費用便益分析にともなう社会的割引における倫理上の欠陥を指摘している[*42]。費用便益分析を採用する人々は、費用と便益を正味現在価値へと縮減させる。分析者は現在時点との距離の近さに正比例させて正味現在価値を決定する。より遠い将来の費用と便益を予想すればするほど、正味現在価値はより低くなる。デレク・パーフィットとタイラー・コーエンが記したように、五パーセントの社会的割引率で、翌年の一人の統計的死亡が四〇〇年後の一〇億人の死亡に相当することになる[*43]。長い時間軸にそってリスクを分配するような諸事例に適用するときには、この種の分析は将来世代にリスクを不公正に押し付けることを正当化しうるのである。

現在の政策分析は、公共的意思決定をおこない、理解し、評価するための広範な諸方法を含んでいる。この概念上の、方法論上の、そして規範上の多様化は、ひとつには政策分析におけるあらゆる努力は一つの評価基準を要請するという一定の認識から生じてきた。一九七〇年代の初めに起こった実証主義に対する批判から、ポスト実証主義の、もしくは非実証主義の研究方法に対する人気の高まりを見ることができる。私はより一般的である「ポスト実証主義」よりも「非実証主義」を好む。なぜなら非実証主義はポスト実証主義よりも多岐にわたる研究方法を指示するからである。ポスト実証主義者の諸方法に重点を置くことは、事実と価値の区別と価値中立の主張に異議を唱え、また政策決定の倫理的側面に明示的かつ体系的にとり組むという、実証主義に先行する政策分析の諸方法を除外することになる。[*44]〔ポスト実証主義にくらべ〕非実証主義のより広い見方は、ジョン・ドライゼク、フランク・フィッシャー、ジョン・フォレスターのような公共政策におけるポスト実証主義と頻繁に結びついている人々によって推進された研究方法だけでなく、ジョン・マーチン・ジルロイ、ロバート・グッディン、モーリス・ウェイド、その他多くの人々が発達させた研究方法を含んでいる。[*45]これらの研究方法の台頭にともない、私たちは公共政策分析における評価の理念と、道徳哲学および政治哲学における倫理的理念の相互作用をより鮮明に見ることができる。これら〔ポスト実証主義や非実証主義〕の研究方法のいくつかは、より実証主義的な政策分析の研究方法に対する倫理的補完としてたいへん有望なのである。

私は政策分析に対する定量的手法の倫理的重要性を認識して、代替ではなく補完と述べた。費用便益分析、リスク費用便益分析、定量的リスク分析、そして実証主義者の分析のその他の形式はたいへん重要な政策手段であり、それらを完全に退けることは、とくにリスクと不確実性に結びついている政策において非倫理的となるであろうことに注意しておきたい。定量可能な費用と便益に関する体系的な考慮、もっとも包括的な「最悪の」シナリオの開発、そして利用可能な最善の科学的モデルの採用を実施しないまま政策決定をおこなうことは非倫理的となるだろう。カース・サンスティンが書いたように、「費用と便益の両方——貨幣換算できないものと貨幣換算できるものとの両方——に関するなんらかの感覚なしには、規制当局はあてずっぽうな試みをおこなうことになる。人々はリスク評価にあたってはヒステリーと無視の両方の傾向に陥りやすいため、それに大きな困難を抱えている。費用便益分析は明確な答えを提供しないが、どのリスクが深刻で、どのリスクが深刻でないかをはっきりさせるのを助ける」[*46]。同様に、携帯電話の健康有害性に関する周知の不安に言及してアダム・バージェスは、政治およびメディアにより構築される問題から科学的問題を区別するためのバランスのとれたリスク評価を主張した[*47]。さらにリチャード・ポズナーは、費用と便益の両方を定量化し貨幣価値で評価するための専門的な努力なしには、地球温暖化や他の潜在的な破滅的問題には賢明にとり組めないと主張した。よって彼は、潜在的に深刻な危険をもたらす可能性のある原因に対し、積極的な制御をおこなう手段として費用便益分析を要請した[*48]。くり返すと、高リスクを回避し減らすことは称賛に値する目標であるが、費用やリスクが滅多になくなるわけでないことを認識することが重要である。リスクを回避あるいは減少させるための努力は、必然的に対抗リスクを生みだす。それゆえ政策決定者は、科学的に最適でなおかつ倫理的に適切な方法により、リスクを回避、減少、そして管理することを目指すべきである。政策決定者が目指すべき目標とは、残存リスクと対抗リスクの分配における正義と正統性を確保しながら、リスクを回避あるいは最小化することなのである。

正義と正統性の倫理的優位性

倫理的政策分析の支持者は、多くの公共政策が拠り所としている複数の規範的基礎のあいだの対立、またはある規範的基礎それ自体に内在する対立を明らかにし解決することをまさに求めている。彼らは多くの政策の根底にある価値と価値対立の存在を認めている。彼らはこの対立の複雑さと根深さ、そしてこの対立の只中で政策分析が果たす役割に注意を払っている。彼らの見方では、実証主義はその対立を解決することから程遠く、それを悪化させる可能性もある。倫理的政策分析のための枠組みがとくに目的としているのは、功利主義、現代義務論、熟議民主主義のような倫理学の諸学派から引きだされる基準を参照して、そのような対立を解決することである。

もっとも優れた倫理的政策分析は、政策がもつ正義と正統性に確実に注意を払うのであり、とくに、政策によって影響を受ける可能性のある人々の基本的権利と利害関心を尊重する。政策で保持すべき重要な基準には、経済性、効率性、有効性、安定性また同様に正義と正統性など多くの基準が存在するけれども、これらの基準は独立して存在するのではなく、互いに重なり合い相互に関係している（たとえば有効性は正統性の構成要素であるかもしれず、効率性は安定性に影響することもある）。それでもなお正義と正統性は、倫理的観点からとくに重要なものとして突出しているのである。経済性、効率性、有効性および安定性はもちろん重要ではあるが、これらは倫理的な性格をもった公共政策を定義づける特性ではない。確かにこれらの特性は、人々の道徳的平等、自由、自律を尊重し促進するのに役立ち、その意味で良い政策に寄与する特性ではある。しかし、正義と正統性の特性のみが人々の基本的権利と利害関心の直接的保護を保証し（もしくは少なくとも保証しようとし）、組織化された集合的存在であるがゆえに生じる法的、社会的、環境的影響によって人々に必然的に課される諸制約を正当化することを保証する（もしくは少なくとも保証しようとする）。ジョン・ロールズが書いているように、「正義は社会制度の第一の徳目であって、これは真理が思考の体系の第一の徳目であるのと同様である。たとえ理論が優美で無駄がなくとも、真理でなければ、その理論は斥けられるか改められるかしなければならない。同様に法律と制度は、正義にもとるならば、どんなに効率的で整然としていても改正されるか廃止されるかしなければならない*49」。

公共政策の実際的な目的が何であれ、正当かつ正統であることが倫理的に究極の重要性をもつ。

より明確に言えば、政策の規範的基礎を特徴づける対立が、政策により影響を受ける可能性があるすべての人々の基本的権利と利害関心を道理に沿いつつ保護する仕方で、かつ彼らにとって道理に沿いつつ受容可能な仕方で解決されることが重要である。正義と正統性の理念を要請することは、この目的を果たすのに役に立つ。なぜならば、これらの理念が人々の基本的な道徳的平等を尊重すること、自由と自律への平等な要求をとり込むこと、そしていかなる道徳的平等への侵害であってもその十分な根拠を当人に示すことを求めるからである。公共政策が一定程度の法的な強制をともない、広範囲にわたる社会的、環境的影響を及ぼすかもしれず、そして個人の道徳的平等を条件としながらも決定権の不平等性を必然的にともなうという事実があるので、公共政策は正義と正統性の観点から正当化されなければならず、また正義と正統性の観点によってのみ正当化可能となる。確かにこれらは高度な要求ではあるのだが。

抽象的な理想かもしれないものを現実の政策過程にとり入れるという目的に向かっては、比較的単純な諸概念に依拠することが有用である。概念（concept）と概念解釈（conception）のあいだの分析的区別は、微妙な違いではあるが、〔正義や正統性といった〕諸用語の本質的な意味と、そこに含まれる特定の含意を明確化することを助ける。私たちはこのような言葉の区別により、正義と正統性の核心に迫ることが可能になり、同時にさまざまな文脈において正義と正統性のより十分に具体化された姿を認識することも可能になる。

H・L・A・ハートによれば、概念とはある観念の決定的な要素を表わす一般的な原理であり、概念解釈とはその観念についての具体的内容を特定化したものである[*50]。ハートは、正義の本質は各人が相対的に平等な地位あるいは不平等な地位についての資格を与えられることであると主張した。この本質的な指針によれば、正義の概念は「類似の事例は同様にとり扱うべし」「異なった事例は別々にとり扱うべし」ということを私たちに指令する。そのため正義の概念は諸事例のあいだにおける、また各事例の内部における一定の均衡の維持と回復とみなされる。ハートが主張するように、この原理は「負担や利益が分配される具体的な局面において、社会生活上のさまざまな事情に即して尊重されるべきものである。そして、この原理が乱されたときには回復されるべきものである」[*51]。ハートの議論を受けロールズは、正義の概念は「基本的な権利および義務の割り当てに際して諸個人間に恣意的な分け隔てが設けられず、社会生活がもたらす諸利益をめぐって対立しあう諸要求のあいだに適切な折り合いをつけてくれる諸規則が存在する」場合に作用すると書いている[*52]。すなわち正義の概念は、社会的な基本財――それも権利、義務、社会的敬意の基盤となるものを含む基本財――の分配が恣意的でなく、公平で、究極的には公正であることを表わしている。ロールズの言葉では、「正義にかなった諸制度の特徴をこのように描写することに人びとが合意できるのはなぜかと言えば、恣意的な分け隔てや適正な折り合いという観念は正義の概念に含まれているものの、その中身に関しては、各人が採用する正義の諸原理にしたがって解釈しうる余地が残されているからである」[53]。

しかしながら、アイリス・マリオン・ヤングの研究は、正義の概念が分配よりもずっと多くのものを表わしているということを明らかにした[54]。分配の論理、すなわちすべての財が識別可能な項目として諸個人のあいだに一定の静的なパターンで分配されるという論理を前提とすれば、正義の概念の捉え方は物質財に制限されてしまうことになる、とヤングは主張する。この物象化、個人主義、そして分配のパターン指向は、正義の重要な他の諸側面を曖昧にしてしまう。ヤングが記したように、正義の射程は分配的なものを超えるのであり、政治的なるものあるいは彼女の言葉で言うと「制度化されている組織の諸側面で、潜在的には集合的決定に従わねばならないようなすべてのもの」を含んでいる[55]。そこには現存の政策決定過程、社会的分業、文化的相互作用の総体が含まれる。ヤングにとって社会正義の本質は分配に関することのみではなく、政治生活のすべての諸側面に関するのであり、「制度化された支配と抑圧の排除」にある。その本質とは、集合的生活のすべての局面に不幸にも浸透している搾取、周辺化、無力さ、文化帝国主義および暴力を終わりにすることである。これは社会の諸集団がそれぞれにもつ利害関心と要求に耳を傾け、集合的に拘束力ある決定を下す際に、彼らに意見表明の機会を提供することによって達成される。そして、それが支配と抑圧を突き崩すために必要な社会的平等と社会的認識を促進するのである。

ヤングはこのように分配についての正義の理論に対する重要な批判を進めたが、それにもかかわらず非恣意性、平等性、自律性としての正義にはっきりと理解を示している。彼女はつぎのような本質的な見解、すなわち正義の概念が競合する権利要求を調整したり解決したりする際に恣意的でないという原理を守ることを含意し、そして人々の道徳的平等を実現することを含意するという見解を支持している。階級、文化およびジェンダーの多様性が競合する主張を公正に解決することをいかに困難なものにするのか、そしてそれらの多様性を意思決定過程に含めるもしくは代表させることがいかに重要であるのか、ということをヤングは理解していた。このような、多様性に対するより深くより繊細な理解こそが、彼女の議論を際立たせているのである。

　これまで見てきた正義の概念は、正義の本質とは何を意味するかを明確化するのに役立つのだろうが、しかしそれがもつ説明力はもともと限定的である。より多くの情報をもたらすためには、正義の概念が、正義の概念解釈を構成するより豊富な諸原理によって肉づけされる必要がある。正義の概念解釈は道徳上の地位の諸原理、すなわち道徳的判断において、誰が重要で、なぜ彼らが重要で、どのように彼らが重要なのかについての諸原理を含んでいる。[*56] これらの諸原理は、人々の道徳的価値の根拠について語る。それは感覚をもつことであったり、尊厳であったり、合理性であったり、あるいは他のいくつかの資質もしくは諸資質の組み合わせであったりするのだが。また、それらの諸原理は、公共的意思決定において、影響を受ける可能性のある人々のあいだに、道徳上、有意な類似性および違いを認識するための基本的な根拠を与えている。

正義の概念解釈はまた良さ（the good）の諸原理も含む。すべての道徳理論は、たとえこの用語自体に抵抗があるとしても、良さの下位理論を含んでいる。ウィリアム・フランケナは、すべての道徳哲学に必要な構成要素としての価値の下位理論について、そしてより限定的に道徳外の価値の下位理論について語っている。[*57] 彼によれば、良さは何が探求されるべきか（たとえば喜び、幸福、自律あるいは自己実現）という問いを含んでいるけれども、良さそれ自体は、いかにしてそれらを探求すべきかやそれらに到達するために何をすべきかを定めることはない。このような意味で良さは道徳の範囲外とされる。

しかし、一般的に言うと、〔功利主義を含む〕目的論あるいは帰結主義の理論では、正しさや正当性または倫理的義務（すなわち倫理的観点から私たちが何をすべきか、もしくはしなければならないのか）は、良さの推進あるいは最大化によって決まる。言い換えると、私たちが何をすべきか、もしくはしなければならないのかということは、良さを推進するための選択肢の結果次第なのである。反対に義務論では、再び一般的に言うと、正しさは良さに先立って存在すると考えられている。言い換えれば、正しさはそれが推進する良さにいつでもまったく依存するというわけではなく、別の考慮すべき事柄によって決定されるのである。[*58] その意味において義務論は、はっきりとそう表現されることはほとんどないが、良さの概念解釈を含んでいる。たとえばロールズの正義論は、基本的権利、自由および自尊心の基礎により構成される「良さについての控えめな概念解釈」を含んでおり、それが彼の公正としての正義の見解を特徴づけているのである。[*59]

目的論と義務論のいずれの立場から見ても、良さはつぎのような一連の主張を含んでいる。すなわち、何が公理と言える価値なのか、諸個人あるいは諸機関は何を尊重し、探求し、あるいは推進すべきか、そして正義の諸原理は何を規制すべきか、についての主張である。正義の原理は逆に、公共的文脈のなかでいかにして公正に、偏らずに、衡平にこの良さを達成するかを私たちに伝える。このような種類の諸原理——道徳上の地位、良さ、正当性といった諸原理——の一つ一つが正義のあらゆる概念解釈の基礎をなすのである。

正統性の概念と概念解釈にも、この発見的な区別を適用できる。正統性についての本質的考えは、国家権力の代理人、諸制度あるいは体制と、権力を行使される人々とのあいだの関係性を正当化することを指していると言えるだろう。それは道徳的に自由で平等な人々に対する国家の独占的権力を正当化する関係性を表わしていると言える。

マックス・ウェーバーを引けば、近代国家は「領域内の支配のための手段として物理的強制力の正統的利用」を独占する「強制団体」である。[*60]ウェーバーがここで検討したおもな問題は、支配のための正当化と関係していた。彼はかの有名な三種の「正統化」、すなわち伝統、カリスマ、合法性を提示した。ウェーバーの研究は正統性の性質、条件、測定に関する後の膨大な著作に刺激を与えた。[*61]このような正統性への関心は驚くことではない。この独占的で強制的な権力は、本書では時に広範囲に及ぶ重大な社会的環境的帰結をもたらす公的拘束力をもつ法令という言葉で表現するものであり、非常に問題の多いものなのである。

ジョン・シモンズにとって市民と正統な政府との関係性は、権利とその相補的関係にある義務によって特徴づけられる。シモンズによれば権利は支配することで、義務は服従することである。[*62] 彼は、正統な政府は、拘束力のある義務を市民に独占的に課す権利、それらの義務を市民に順守させる権利、そしてこれらの義務を強要するための強制力を用いる権利を保有すると主張する。シモンズにとって、「正統性についての主張の適切な根拠は、個人と制度との特定の関係についての権利と義務をめぐるやりとりの内容に関連している」。[*63] このような視点から見ると、政治権力は、市民が自由な意思でそれに同意し、しかも同意された条件の範囲内で権力が行使されつづける場合においてのみ正統である。つまり、個々の国家と国家が実施する公共政策の正統性は、同意を条件とするのである。

同様にアレン・ブキャナンの研究は、国家と国家が支配する者たちとのあいだの特別な道徳上の関係としての正統性を明らかにしている。[*64] しかし、ブキャナンの議論は政治的権威と政治的正統性の区別にもとづいている。彼は政治的権威を、政治的正統性と服従される権利との合成として捉えている。この観点から政治的権威は、服従される権利をともなうものであり、必然的に服従する義務と相関的な関係にある。しかしながら、ある存在が政治的に正統であるかどうかは、その存在が

政策を策定、適用、執行するための道徳的正当性があるかどうかにのみ依存する。ブキャナンによれば、

政治権力（ある領域における法律の独占的策定、適用、執行）を行使する者は、以下の場合においてのみ正統（すなわち政治権力の行使において道徳的に正当化される）である。それらは（a）権力の行使の対象となるすべての人々に対し、少なくとも、もっとも基本的な人権を保護するのに信頼できる仕事をし、（b）もっとも基本的な人権を尊重するような過程、政策、行為を通じてこの保護を提供し、（c）権力の強奪者でない（すなわち政治権力の正統な行使者を不当に退けることにより政治権力を行使するようになるのではない）場合である。*65

この視点からは、政治権力が正当と認められるのは、これらの正義の基本的要素を支持し、なおかつ公共政策の形成と実施において誰がどのようにその権力を行使するのかを決定する際に、すべての市民が「平等な発言権」をもつ場合である。くり返すと、この正当化は、権力の代理人、制度もしくは体制とその権力に従う人々とのあいだの道徳的関係から立ち現われるのである。

正統性の概念解釈は、政治権力と権力に従う人々との関係の道徳的性質を特定する。また正統性の概念解釈は、権力に従う人々に対して政治権力がいかにして正当化されるべきかの基準を含む。

それらの基準は権力の支配下にある人々がなぜ権力に従うべきなのか、同意すべきなのか、あるいは正当と認めるべきなのかを私たちに教える。もし諸決定がそれにより拘束あるいは影響を受ける人々と人々の集合にとって納得のいくものであるべきとするならば、正統性の概念解釈は、集合的に拘束力のある諸決定の根拠の種類を浮き彫りにし、また同じくらい重要なことに、そのような根拠が意思決定過程においてどのように表明されるのかをも浮き彫りにする。つまり、正統性の基準は、実質的（たとえば行使される権力が効率性、経済性、そして社会正義および環境正義の原理のすべて、もしくはそれらのいずれかを支持あるいは促進すること）でもあり、手続き的なもの（たとえば権力の代理人が司法の領域を尊重し、定期的な選挙を受け入れ、広範な公衆の支持、同意あるいは合意を獲得すること）でもある。

公共政策は、政府および国家の独占的、強制的権力の表出であり、現在および将来世代のリスクおよび不確実性と関連づけられることも多い。それゆえ、公共政策は正義と正統性の観点から評価され正当化されるべきである。倫理的政策分析の枠組みは、より実証主義的な研究方法を補完し、このような種類の評価と正当化を促進するべきである。倫理的政策分析は正義と正統性という目的に役立つべきであるだけでなく、そうする際に、政策形成、実施、評価に携わる人々に対し、具体的で明確な方向性を提示するという意味においても役立つべきである。倫理的な枠組みが政策策定者と政策分析者に明確な方向を与えないならば、不十分なものでしかない。もし倫理的な枠組みが政策策定者や分析者にとって無意味であり、採用されえないならば、そのような枠組みがなんの役に立つというのだろうか。したがって、正義、正当性、決定性こそが、リスク、不確実性、将来の状況が問われる時代における倫理的政策分析のメタ基準なのである。

3

カナダの核燃料廃棄物管理政策

――二つの陣営間の論争

カナダは、一九六二年以来今日まで原子力エネルギーを生産しつづけ、その結果として核燃料廃棄物を産出しつづけてきた。現在、エネルギー会社三社、すなわちオンタリオ発電（OPG）（旧オンタリオ水力発電〈OH〉）、ニューブランズウィック電力（NBP）、ケベック水力発電（H‐Q）が、カナダ型重水炉〔CANDU原子炉〕[訳注8]を有するとともに、原子炉が生みだす放射性廃棄物を所有している。オンタリオ州におけるカナダ型重水炉が使用済み核燃料のうち約九〇パーセントを、一方、ニュー・ブランズウィック州とケベック州の原子炉が約八パーセントを生みだしている。カナダ原子力公社[*1]は、非軍事目的で核技術を開発し販路を開拓する責任を負っている国営企業であり、ここが所有する原型炉と研究用原子炉が産出しているのはカナダの使用済み核燃料の二パーセントである。カナダにおけるすべての原子炉がこれまでに産出した使用済み核燃料は概算で燃料集合体約二〇〇万体[訳注9]である。現在、これらの核燃料集合体は原子炉敷地内にある暫定貯蔵庫に保管されている。カナダの核廃棄物管理機構（NWMO）は、すべての原子炉が平均運転期間である四〇年間稼動すれば、現存する原子炉からの使用済み核燃料集合体の在庫が三七〇万体に達するであろうと予測している。[*2・訳注10]

歴史的に見ると、カナダ天然資源省（NRCan）（旧カナダエネルギー鉱山資源省）の上級公務員たちが、カナダ原子力公社とオンタリオ発電の幹部や科学者たちの一団と協議しつつ、この政策領域における意思決定を支配してきた。しかしながら近年になって、環境団体、宗教団体、地域社会、先住諸民族といった広範囲の従来の伝統にはない人々が政策に関与し、次第に意思決定過程で活発に活動するようになってきた。このように一九六〇年代と七〇年代には、さまざまな政府部門の職員たちと公営企業のあいだの交渉によって政策展開が決定されがちであり、一九八〇年代と九〇年代にも原子力産業の利害関係者、そして産業内科学者と技術者という専門家たちの影響力が政策の主要な推進力であったが、今世紀の最初の一〇年間に、この政策過程から伝統的に排除されてきた人々を巻き込んだ民主的な対話がより大きな役割を果たすようになった。本章では、核廃棄物管理の政策史をたどり、政策に関与する行為者たちの言論上の二つの陣営[*3]によってその歴史がどのように形成されてきたのかを明らかにする。

エイキン報告とシーボーン委員会

カナダの核燃料廃棄物管理政策の歴史は一九六〇年代半ばにさかのぼる。当時の政策過程は主としてカナダエネルギー鉱山資源省、カナダ原子力公社、原子力統制局（AECB）（現カナダ原子力安全委員会〈CNSC〉[*4]）の範囲内に限定されていた。政策決定に関するこのような閉鎖的なとり組みに重要な変化が生じたのは一九七〇年代の終わりであった。一九七七年に、カナダエネルギー鉱山資源省がカナダの増大する核廃棄物の貯蔵に関して二つの重要な勧告をおこなう報告書を公表したのである。報告書の著者たちは、使用済み燃料を宇宙空間に打ち上げる、海洋底に埋めるなどさまざまな廃棄物管理の選択肢を調査したうえで、カナダ楯状地《たてじょうち》の深部に処分すべき[*5]であると勧告した。さらに、核廃棄物管理政策を策定し実施していくためには、より直接的な民主主義的なとり組みをすべきであると勧告し、これまでのとり組みがあまりにも長いあいだ「カナダ原子力公社とオンタリオ水力発電の協調行動」と「特定の大臣の意見の一致」だけに限定されてきた点について言及した。[*6]報告書は「役人間の合意のとり付け」から離れて、公衆、産業界、政府のあいだでの「有益な情報とアイデアの交換」へと移行するよう求めたのである。[*7]また、カナダ政府が廃棄物管理計画を、国家計画を固めるに先立って公衆の討議にかけることができるようなかたちで発展させることも推奨された。翌年、カナダ政府とオンタリオ州政府は公式にこの報告書の第一の勧告を受け入れ、カナダ核燃料廃棄物管理計画を制定した。[*8]この計画はカナダ原子力公社に対して、オンタリオ水力発電の助力を得て、カナダの使用済み核燃料をカナダ楯状地の地中深く埋設するという処分の基本構想を発展させることを命じている。[*9]報告書の第二の勧告は、政策領域をさらに民主化することを求めているが、その実施には一〇年以上待つことになる。

一〇年以上にわたりカナダ原子力公社とオンタリオ水力発電が閉鎖的に研究開発をしてきた後で、ついに処分の基本構想がカナダ政府の「環境評価と審査過程」の手続き[訳注11]により、公衆の評価にかけられることになった。[*10]一九八九年に、カナダ政府環境省はブレア・シーボーンが議長を務めることになる独立した環境影響評価審査委員会を創設した。[*11]委員会に諮問されたのは、現在および将来の世代にとってこの提案されている処分構想が社会的、経済的、環境的にどのような意味をもつのかを精査することであった。とくに、この処分構想の安全性と受容可能性を深く検証するために「独立した名高い専門家たち」からなる科学的審査グループを設立することが指示されていた。[*12] 科学の専門家たちの見解が特別に重視されていたにもかかわらず、シーボーン委員会は、広くカナダ国民と協議するという責任を非常に重く受け止めていた。

委員会は、カナダ原子力公社の環境影響評価報告書のための指針を策定するために、その審査を公衆による「スコーピング（scoping）」会合[訳注12]として知られる会議を開催することから開始した。これらの会合が開催されたのは、オンタリオ、ニュー・ブランズウィック、ケベック、サスカッチワン、マニトバの各州、すなわちウラニウム採掘、燃料製造、原子力発電、核廃棄物管理など核燃料利用の連鎖的段階のどこかの局面に利害関心をもつ選挙民がいるような州であった。委員会が指針を最終決定しカナダ原子力公社に提示したのは一九九二年三月であった。一九九四年一〇月、カナダ原子力公社が一連の公聴会に向けて委員会宛てに影響報告書を提出した。[*13] 公聴会は三段階で組織され、一九九六年三月から一九九七年三月まで一六の地域で開催された。第一段階は核燃料廃棄物管理に関連する広範な社会の問題に焦点をあて、第二段階はカナダ原子力公社の処分構想の安全性を技術的観点から検討し、第三段階ではその構想の安全性と受容可能性についての意見を調査した。公聴会が開かれているあいだ、委員会は登録された五三一人の発言者から意見を聴取し、五三六の意見書を受け取った。加えて公聴会で参加者がおこなった発表報告について一〇八の反響が寄せられた。公聴会はさらに円卓会議での議論により補完され、委員会は公衆を構成する人々の見解と関心についてより深く理解することになった。公衆の参加費用の一部はカナダ原子力公社から資金提供された。委員会は参加者に八四万ドルを給付しており、この金額はこれまでにカナダ政府の環境評価委員会が支払った最高額である。

シーボーン委員会の公聴会によって、個人と組織が互いの考えを交換し、共有する利害関心から連合し、その立場を強固にする機会を与えられた。公聴会が開始されてまもなく、言論上の二つの陣営が形成されつつあることが明らかになった。一方には、カナダ天然資源省、カナダ原子力安全委員会、カナダ原子力公社、オンタリオ水力発電、ケベック水力発電（H－Q）、ニューブランズウィック電力の役職者からなる歴史的に支配的な立場にある政府と産業界の陣営があり、その関係がいっそう強固なものになっていった。他方では、歴史的にはゆるい結びつきでしかなかった環境系や宗教系のNGO、また先住諸民族の人たちからなる集団が連合して力をつけつつあった。この陣営を構成していた人々は、たとえば先住民族会議（AFN）、カナダ核責任連合、エネルギー調査会、教会間ウラニウム委員会、ノースウォッチ、核啓発プロジェクト、カナダ合同教会の会員たちである。[訳注13] 公聴会を通じてこの二つの陣営はリスクと安全性について対立する基本的な考えをもつようになっていき、このことによって核廃棄物管理政策の策定と実施に関する立場の対立がさらに深まる傾向にあった。

政府と産業界の陣営は、一連の技術的なリスク評価の過程に大きな信頼を寄せていた。[*14] この見方では、提案が原子力統制局によって確立されたリスクの水準の範囲内に収まると専門家であるリスク評価者によって判断されるかぎり安全である。安全性とは、言い換えれば、処分の基本構想の特徴と少なくとも一万年の間に起こると推定される挙動が適切な定量的リスクの限界のなかに収まっているという見地から定義される。この陣営の人々は、それゆえカナダ原子力公社の処分構想は安全であり、公的に受け入れ可能なはずであると論じた。批判的な陣営の側は、定量的リスク評価では安全性を厳密に定義することができないと論じた。[*15] 安全性とはより広い社会的文脈との関連でより十全に定義されるものであり、社会的文脈においてこそ、潜在的危害の性質とこれらの危害を軽減する方策が適切に理解できると、この陣営は考えていた。この見方からすれば、いくつかの潜在的な危害はあまりにも恐ろしく、そのような危害はなんとしても回避すべきものである。この陣営の人々はカナダ原子力公社の処分構想は安全でもなく受け入れられるものでもないと論じた。

リスクと安全性に関するそれぞれの立場に従い、二つの陣営は核廃棄物管理政策が満たさなければならない必要条件についても対立する見解を出した。[*16] 前者は原子力産業の支配的な役割を主張したのに対し、後者は公衆の支配的な役割を主張した。前者は、この領域で技術的かつ経済的に健全な決定をするための最良の専門的知識は原子力産業にあると主張しつづけた。後者は、その通念に疑問を投げかけ、産業界と政府の人たちにとどめず、はるかに広い範囲の人たちを民主的に政策過程に組み込むべきだと論じた。評価と実施過程の各段階で公衆の参加がなされることが、安全で受け入れ可能ないかなる核廃棄物管理システムにおいても決定的に重要な要素になるだろうと考えたのである。

こうした競合する立場をふまえて、シーボーン委員会は一九九八年に非常に注意深く言葉を選んだ報告書を公表した。報告書はこう結論づけている。

技術的な見地からは、カナダ原子力公社の処分構想の安全性は開発の構想段階としては全体として適切に証明されたが、社会的な見地からは証明されたとは言えない。
現状では、カナダ原子力公社の深地層処分の構想は広範な公衆の支持を得たとは証明されていない。現在のかたちでは、この処分構想は核燃料廃棄物管理に向けたカナダのとり組みとして採用されるために必要とされるレベルの受容可能性を有していない。*[17]

委員会は具体的な勧告のなかで、カナダ政府に対し以下の事項の実施を求めた。（1）核廃棄物管理に先住民が参加する過程を開始すること、（2）公益事業体とカナダ原子力公社から「ある程度距離をおいた」核燃料廃棄物管理の機関を設立すること、（3）管理機関に資金を提供するために、管理機関とは区別される基金、つまり核廃棄物の所有者ならびに生産者（すなわちオンタリオ水力発電、ケベック水力発電、ニューブランズウィック電力、カナダ原子力公社）だけが拠出する基金を設けること、（4）管理機関の理事会だけでなく諮問評議会を設立すること、（5）包括的な公衆参加の計画を発展させるよう管理機関に指示すること、の五つである。[*18] 委員会は、「広範なカナダ国民の参加」「市民と管理機関のあいだの継続的で相互的な過程」、国民と管理機関のあいだでの情報発信とコミュニケーションの「双方向システム」を求めた。[*19] 加えて、核廃棄物管理の選択肢を評価するにあたっての統合的とり組み、たんに技術的な評価ではなく、倫理的、社会的な評価の枠組みも採用するとり組みを要求した。[*20] さらに委員会は、管理機関が多元的な監視メカニズムに従うことを勧告した。このメカニズムには科学的、技術的業務と財政措置についてのカナダ政府の規制、カナダ政府からの政策指示、定期的な公衆による審査が含まれる。[*21] 主導的推進派に対する非常に批判的な言論上の立場を公式に表明し、カナダの使用済み核燃料管理のために安全で受け入れ可能な選択肢を見出すという最終目標にいたるまで広範囲の市民のあいだで熟議を続けることを求めた点に、報告書の民主的な価値の高さが認められるのである。

政府の回答、政策の枠組み、核燃料廃棄物法

この委員会の言論上の立場は、その後カナダの核廃棄物管理政策が策定された際に大きく弱められた。シーボーン委員会への公式の回答のなかで、カナダ政府は事実上、安全性についての社会的な概念解釈よりも技術上の概念解釈を優先させた。政府の回答では、委員会がカナダ原子力公社の処分構想が技術上の観点から安全であると考えたことに注目し、[*22]社会的な観点から安全であるとは考えなかったことには何も言及していない。そのうえ原子力企業三社とカナダ原子力公社に対して民営の核廃棄物管理機構を設立し、その職員、理事会、諮問評議会を任命するよう指示することによって原子力産業の優越性を強化した。「ある程度距離をおいた」機関という言葉は消えてしまった。この産業界に基盤をおく組織が「核燃料廃棄物の処分を含む長期の管理にかかわるあらゆる活動を管理し調整する」ことになった。[*23]この組織が廃棄物管理の三つの選択肢（すなわち深地層処分、原子炉のある敷地内での貯蔵継続、地上あるいは地下での集中貯蔵）を研究し、カナダ政府に望ましい選択肢を勧告し、選ばれた選択肢を実施することになった。

政府の回答を起草した人たちは、放射性廃棄物の処分についてのカナダ政府の政策枠組みに忠実であったし、その枠組みはカナダ天然資源省の役人たちが一九九六年に発展させたものであった。

この枠組みは、非常に大きな影響力をもつ仕方で、シーボーン委員会の公聴会のようなより民主的な過程を回避しており、カナダ天然資源省が認めた狭い「主要な利害関係者たち」の合意に由来するものである。これらの利害関係者に含まれるのは、原子力関連の五つの州の政府職員、原子力公益事業体三社、ウラニウム採掘会社、核燃料製造会社の経営幹部たち、そして原子力の利益集団の代表たちである。[*24] そこでの交渉には、シーボーン委員会の公聴会に参加した先住諸民族、地域社会、宗教集団、環境団体はまったく含まれていない。この枠組みは、政策、運営、資金措置の諸原則から構成されており、政府と産業界の責任分担を割り当てた。すなわちこの枠組みは、カナダ政府に政策を発展させ政策の実施を規制する責任を、核廃棄物の生産者ならびに所有者には一定の財政的法的諸条件を遵守させるという責任を負わせた。同時に、この枠組みにより、廃棄物の生産者ならびに所有者に放射性廃棄物の諸施設を設置し、組織し、管理し、資金拠出する責任が与えられた。このようにこの枠組みが確立したのは、政策の役割は政府に、運営業務と資金調達の役割は原子力産業にという役割分担であった。後者の役割によって、原子力産業は廃棄物管理において広範囲にわたる自由裁量権を事実上認められることになろう。

この政策枠組みは、シーボーン委員会に対する政府回答の全体像だけでなく、核燃料廃棄物法の制度的、財政的、法的必要条件を規定した。核燃料廃棄物法は二〇〇二年一一月に発効し、カナダ政府に政策と監視の役割、高レベル核廃棄物の所有者ならびに生産者に事業実施と資金調達の役割を命じた。原子力発電企業が実質的に予定されている核廃棄物管理機構を設立し、人員を配置し、財源を確保するうえでもっとも大きな権限を与えられた。この法により、原子力発電会社とカナダ原子力公社が管理機構を組織するだけでなく、同様に理事会と諮問評議会を任命する責任も負うことになった。失われたのはシーボーン委員会の報告書にある一つの機関、独立して任命される理事会、強力でかつ代表性を備えた諮問評議会、倫理的社会的評価の枠組みという言葉であった。公衆ならびに先住諸民族の参加という言葉もまた失われた。最後に、多元的な公衆監視のメカニズムという言葉も失われた。廃棄物管理機構は報告書を議会に上程しなければならないが、その報告書は一般監査の対象にはならず、カナダ連邦情報公開法の対象にもならなかった。

しかしながら、宗教団体、環境団体、先住諸民族の陣営により維持された立場は、二つの決定的な方向性において法律の立案に影響を与えた。第一に、廃棄物法が廃棄物管理と処分の選択肢の評価に統合的とり組みを組み込んだのは、この陣営の功績である。法によれば、提案されている選択肢それぞれが「便益、リスク、費用についてそのとり組みと他のとり組みとの比較を含まなければならず、その際、そのとり組みが実施される経済的地域圏を考慮するだけでなく、そのとり組みにかかわる倫理的、社会的、経済的配慮事項をも考慮し」なければならない。[*25] 各とり組みが「地域社会の生活様式あるいは社会的、文化的、経済的目標に与える重大な社会的経済的影響を回避するかあるいは最小にするために、廃棄物管理機構が使用を計画している手段」についての記述、そして

「公衆との協議のための計画」についての記述を含んでいなければならない。[*26] 第二に批判派が貢献したのが、核廃棄物の所有者ならびに生産者によって数百万ドルの信託基金が設立され維持されるという法の規定である。法はオンタリオ発電、ケベック水力発電、ニューブランズウィック電力、カナダ原子力公社が毎年この基金に寄付しなければならないと定めた。そのうえ廃棄物管理機構だけがこの基金から資金を引きだすことができ、その目的は廃棄物管理と処分の選択肢を評価し、政府が選択した案を実施することに限定されるとした。[*27] 廃棄物法は「汚染者負担」原則を具体化し、資金的義務を遵守することに失敗した際の処罰を厳しく定めている。[*28] 政府回答、政策枠組み、法の策定において、産業界・政府側の言論上の立場が優越しているとはいえ、政策の実施に影響を与えうるような仕方で民主主義についての論議が法のなかに浸透したのである。

核廃棄物管理機構の国民協議過程

実際、二〇〇二年は、核廃棄物管理政策の実現において驚くほどの民主化が見られた年であった。その年、新たに設立された核廃棄物管理機構が、カナダ政府に対し安全で受け入れ可能な廃棄物管理の選択肢を明確にし推薦するという目標に向けて、国民協議の過程を開始した。当初から核廃棄物管理機構の協議過程の設計者たちの意図は、熟議民主主義の諸原則として理解されるものを実現することであった。[*29] 設計者たちが前提としていたのは、この過程にはたんに産業界の代表、技術および科学の専門家たちの見解だけでなく、政策によって影響を受けるすべての人々の洞察が重要であり、政策に組み込まれるべきであるとの理解であった。協議過程は二〇組もの対話からなり、これらの対話は、カナダの大衆を広く反映するよう無作為に選ばれた諸個人の価値観、利害関心、諸原則を組み込むよう設計されていた。また、核廃棄物管理のさまざまな局面で多様な経験と専門知識をもつ諸個人、歴史的にもまた公的にも廃棄物管理政策に明確な関心を表明してきた諸個人、諸団体、先住諸民族が抱く価値観、利害関心、諸原則をも組み込むことができるように工夫されていた。[*30] これらの対話を情報面で支えていたのが、多様な学問分野、方法論、イデオロギーの領域からの専門家同士の審査を経た少なくとも六〇の研究論文であった。[*31] 協議過程にはまた、国中で開催された少なくとも一二〇の広報集会、カナダ成人人口の統計上の代表性を有するサンプルにもとづく一連の世論調査、数回にわたる専門家たち、青年層、一部の公衆とのあいだで交わされた「電子対話」[訳注14]も含まれていた。[*32]

核廃棄物管理機構は〔国民協議全体を〕四段階を通して反復される三年間の過程として設計し、各段階が実行されている期間、それぞれの段階において鍵になる決定事項に関する対話に焦点をあてた。対話に独立性をもたせようと核廃棄物管理機構は、第三者機関、すなわち意思決定における熟議へのとり組みを専門にするシンクタンクとコンサルタント会社を雇った。それぞれの対話が終了した後そこで明らかになったことをこの第三者機関が核廃棄物管理機構に報告していった。その後に、核廃棄物管理機構が特定の段階のあいだにおこなわれた対話の全般的な成果を要約した議論の記録文書を公表していった。この記録文書はつぎの段階における対話の論点を定めるのにも役立った。こうした過程を通して核廃棄物管理機構のウェッブサイトが、公衆の討論の場に背景知識を与えるあらゆる研究論文、第三者機関の報告、議論の記録文書だけでなく、関心をもつカナダ国民から引きつづき提出された意見書を提供していった。この過程での結論にもとづいて、核廃棄物管理機構は「カナダ楯状地あるいはオルドビシアン沈降堆積盆地での適応性のある多段階型管理のとり組み」を勧告した。*33 二〇〇七年六月、カナダ政府は公式にこの勧告を承認した。

適応性のある多段階型管理は、本質的に敷地内貯蔵、集中貯蔵、長期間にわたる時間の枠組みで実施される深地層処分の混合物である。この管理方法は、「一歩一歩ずつの」公共的意思決定過程、継続的監視、そして廃棄物の回収可能性を組み込むことにより、廃棄物管理システムの構築と実施における柔軟性を追求したものである。訳注15

核廃棄物管理機構の協議過程には、シーボーン委員会の公聴会の開催中明確に表現されていた民主主義についての議論が核燃料廃棄物政策それ自体よりもはるかに多く反映していた。おそらくその理由は、(1) シーボーン委員会の公聴会が民主的諸勢力の強力な陣営の発展を促進するよう機能したこと、(2) これらの諸勢力に積極的に応答することを可能にした制度的資金的な機会が作られたこと、によって説明できる。シーボーン委員会の公聴会は公衆の公開討論の場として機能し、廃棄物管理政策に求められる諸条件について、よく似た見解をもちながらも以前は分散していたNGOと先住諸民族からなる行為者たちをまとめあげた。互いの議論が共鳴することに気づいて、これらの人々はその立場を次第に強力な陣営へと固めていった。強固になったこの陣営の立場が、政策の有効性は、広範囲の社会的争点にとり組んでいるかどうか、そして広く社会的承認を獲得するかどうかに依存していることを明らかにするのに役立った。この陣営は一貫して、独立した廃棄物管理機関、先住諸民族と公衆が参加する意思決定過程、透明性をもった報告制度の必要性について明瞭に意見を述べた。その見方がシーボーン委員会の報告書に採用されただけではなく、後に核燃料廃棄物法となる法案C－27を検討した議会下院の委員会ですべての野党の委員たちにも採用された。[*34]

政策枠組みと法の策定に携わった人々、すなわち主としてオンタリオ水力発電、オンタリオ発電、ケベック水力発電、ニューブランズウィック電力、カナダ原子力公社の経営幹部との協議にもとづいて仕事をしたカナダ天然資源省の上級公務員たちは、この論争をよぶ立場に抵抗することができたのであるが、政策の実施に責任のある人々、すなわち新たに設立された核廃棄物管理機構の職員たちは、その多くがオンタリオ水力発電を代表してシーボーン委員会の公聴会に参加した経験をもっており、〔そのような抵抗を〕許容することができなかった。これらの人々は公聴会を経て、この政策の実施にあたっては、結局のところ将来の核廃棄物管理施設に用地を提供する意思のある地域社会との合意形成に入らざるをえないであろうということを理解するようになっていた。また、現在原子力施設を受け入れている地域だけでなく、将来の輸送ルート沿線の地域にも結局かかわらなければならなくなるだろうということも理解していた。管理機構の組織そのものは新しかったが、職員はそうではなかった。オンタリオ発電の核廃棄物管理部門の戦略計画課および対外関係課から出向して重要な役割を担った職員たちは、シーボーン委員会の公聴会のあいだに、これらの地域社会、そして他の地域社会を巻き込む必要性をよく意識するようになっていた。一定の社会的関心に応え、核廃棄物管理計画についての社会的受容性を獲得しなければ、国家、州、地方レベルで浴びせられる声高な反核キャンペーンによって計画そのものが妨げられる可能性があることを理解したのである。この政策領域の民主化を論じる強力な陣営からの刺激に動機づけられ、また新しい核廃棄物管理機構の制度的財政的自立性に助けられて、政策の実施者たちは熟議民主主義的意思決定の諸原則を実現する本格的な企てを設計し運営した。それは安全で、公衆に受け入れ可能で、最終的に政治的に安定した核廃棄物管理計画を確立するとの目標に向けた企てであった。

次章では、この政策領域を歴史的に特徴づけてきた競合する論義を解明する。この解明によって、問われている倫理的諸問題をよりよく理解でき、またリスクと不確実性に結びついた事例について倫理的政策分析をおこなうための研究方法に必要な具体的な基準を明らかにすることができる。

4

核廃棄物管理政策で問われた倫理的諸問題

前章で強調したように、カナダの核燃料廃棄物管理政策をめぐる近年の意思決定過程は、重要な民主主義的転回を経験してきた。この転回は、二つの言論上の陣営の論争の歴史によって理解できる。その歴史は、カナダ原子力公社による深地層処分の構想についての環境影響評価、放射性廃棄物処分のための政策枠組みに関する利害関係者たちの会合、核燃料廃棄物法に関する議会の公聴会によって形成されてきた。これらの論争の多くは、核廃棄物管理の詳細な技術上の問題ではなく、倫理的に核廃棄物管理をどう考えるかという点に焦点が合わせられてきた。

安全性についてのどのような概念解釈が、核廃棄物管理政策を特徴づけるべきなのか。誰の価値観が、また誰の利害関心が核廃棄物管理政策に反映されるべきなのか。誰がこれらの政策決定に参加すべきなのか。どうやって彼らは参加すべきか。将来世代についてはどうなのか。こうした論争の歴史を通して批判派の人々は、これらの問いにどうとり組むかによって実効性を備えた廃棄物管理と処分計画が可能かどうかが左右されることを、産業界および政府の主導的推進派の人々にはっきりとわからせてきた。もしこれらの問いへのとり組みに失敗すれば、主導的推進派は、彼らの核廃棄物計画について一般公衆の承認を得ることも、さらに核廃棄物計画のために安定的で実効性のある公的政策を実施することも難しくなることに気づくだろう。

本章では、これらの論争で争点となったつぎの五つの論点について、それぞれの見解を検討する。それは（1）将来世代、（2）安全性とリスク、（3）負担と受益、（4）包摂とエンパワメント、

（5）説明責任と監視である。この検討は倫理的政策分析の課題を浮き彫りにする。そして検討の結果は、リスク、不確実性、将来の状況と結びついた政策決定の倫理的分析枠組みのための具体的な基準群を示唆することになる。

将来世代

核廃棄物管理機構の協議過程において、将来世代への責任と義務ほど議論を生んだ倫理的問題はない。*1 協議過程への参加者たちは概して、現在の政策決定において将来の人々に一定の道徳上の地位を与えることの重要性については同意した。*2 将来の人々が現在の意思決定過程には参加できないことを認識したうえで、参加者のほとんどは、将来世代に直接影響する政策の決定については将来の人々に発言権を与えるか、少なくとも道徳的配慮をするべきだと感じた。

しかし、参加者たちの意見は、この道徳的配慮の内容において分裂しがちであった。多くの人々は、原子力発電から直接利益を得ているから、核燃料廃棄物が危険であると知っているから、またそれを処分する能力をもっているからという理由で、私たち現在世代こそが核燃料廃棄物の処分に責任をもつべきだと論じた。さらに、将来の社会における政治の安定性、技術的能力、財政的資源を考えたときに不確実性があるという理由で、私たちこそが廃棄物の管理と処分について最終的な決定をすべきであるとも主張した。彼らは、私たちの出した廃棄物が将来の政治的、技術的管理あるいは監視を必要としないシステムにより、永久的に処分されることを保証しなければならないと論じたのである。より批判的な参加者たちは、これに反対する視点から、核燃料廃棄物の領域における現在の知識をそれほど楽観的にはみていない。彼らは、将来世代への責任をもつということは、現時点での廃棄物管理が安全で信頼できるものであることをさらに保証し、廃棄物管理の性質とそのすべての選択肢をさらに深く理解し、そして廃棄物管理についての将来の決定に適した資金をもっと確保することを意味するのだと論じた。私たちが将来世代の能力やニーズを早計に判断すべきではないし、また将来世代が使用済み核燃料をエネルギー資源として利用することを妨げるべきでないとも主張した。この見地からすれば、私たちの責任とは、廃棄物貯蔵の実施によって将来世代に社会的、環境的、経済的リスクを負わせないこと、そして将来世代が廃棄物処分について彼ら自身で決定できる諸条件を手渡していくことである。

　以上の競い合う主張は、カナダ原子力公社の深地層処分構想に関するシーボーン委員会の公聴会にさかのぼることができる。公聴会のあいだ、将来世代への責任に関する論争は、より具体的に、自然まかせ型（passive）の核管理システムなのか、それとも管理継続型（active）の核管理システムなのかという点に向けられてきた。[訳注16] 主導的推進派の人々は、カナダ原子力公社の提案したような自然まかせ型の深地層処分システムを主張した。[*3] カナダ原子力公社の計画の特徴は、継続的な管理と監視を必要としないかたちで、長期にわたる安全の達成を目指すということである。これらの計画によれば、廃棄物は非常に長期にわたって隔離され、その回収は不可能ではないとしても、たいへん困難なものとなるだろう。他方で、批判派の人々は管理継続型格納を支持した。管理継続型格納とは、「必要に応じて、将来における利用、持続的監視および改善ができ、また容易に廃棄物を回収」できる処分のことである。[*4] この処分システムでは、封じ込めた廃棄物を将来世代が目的に合わせて回収できるようにしておくために監視が必要となるだろう。

シーボーン委員会の公聴会の会期中、カナダ原子力公社、オンタリオ水力発電、カナダ原子力学会の代表者を含む主導的推進派の人々は、カナダ原子力公社の構想を「カナダの核燃料廃棄物の長期管理として安全で受け入れ可能な解決策だ」と論じた。[*5] 今日の知識、分析ツール、工学的能力の適切性を、そして将来の社会的、政治的な不確実性を考慮すれば、深地層処分という自然まかせ型処分の形式は好ましい解決策だと主張したのである。彼らがおもに主張したのは、廃棄物が体系的、制度的に制御できなくなるリスクを減らすために、私たちは今、自然まかせ型処分を実施することができるし、また実施するために行動すべきだということである。[*6] 彼らは、自然まかせ型処分によって放射能をめぐる安全性の国際的水準を現在も未来も確実に満たせるだろうと考え、自然まかせ型処分によってこそ現在世代が責任を果たせるのだと論じた。[*7] さらに彼らの主張では、自然まかせ型処分は〔国際的に共有された理念である〕持続可能な発展の基本的原則と調和する。自然まかせ型処分がもっとも面倒な問題に解決策を与えることによって、原子力エネルギーがより持続可能なものになるということと、安全かつ信頼性があり、〔隔離による結果〕廃棄物が出ない大規模発電の供給源が継続できるということを主張したのだ。[*8]

自然まかせ型処分に反対するおもな議論もまた、不確実性を——しかし異なる種類の不確実性を根拠にしている。批判派の人々が広く共有する心情は、私たちが充分な知識をもっていないとき、「私たちは行動するのではなく、正直さと謙虚さをもって進む義務がある」というものである。[*9]批判派によれば、私たちの知識の空白部分と現在の分析ツールの限界、そして核廃棄物の長期処分システムについて包括的で科学的な実験ができないことを考えれば、処分システムに影響を及ぼすような自然現象を私たちは予測しえない。私たちは、放射性減衰の過程で処分システムがどのように挙動するのか予測できないのである。放射性物質の漏洩事故が起きたとき、自然まかせ型というシステムでは、補修の試みはより難しい課題になりうる。ノースウォッチはつぎのように述べている。

カナダ原子力公社は、回収が不可能な処分は「将来世代に負担をかけない」という前提において魅力的であると言う。しかし、反対の考えも同じように論じることができるだろう。すなわち、将来世代にとって廃棄物はそれ自体がやっかいで致命的な負担である。というのも、廃棄物の回収ができない処分は、処分地の遠さや「目に入らなければ気にしない」

という態度によって監視と修正策が困難になればなるほど、埋められた廃棄物がもたらすなんらかの、またあらゆる不都合な諸結果に対処するにあたって将来世代がこうむる困難が大きくなるからである。[*10]

さらに、カナダ原子力公社の構想への批判派が論じたように、私たちは将来世代の資源のニーズを予測することができない。将来世代は彼らのエネルギー需要を満たすため、私たちの使用済み核燃料を再処理する必要があるとか、そうしたいとか考えるかもしれない。しかし自然まかせ型の処分システムでは、将来世代が再処理のために原料を回収することは、たとえ可能であるとしても、より困難となるだろう。[*11] 批判派の視点に立てば、将来世代にかかわるリスクと不確実性を考慮した倫理的決定とは、注意深く監視された地上貯蔵、そしてより広範囲で包括的な深地層処分の研究を推進することである。[*12]

安全性とリスク

核廃棄物管理機構の国民協議の期間中、参加者の大多数が、廃棄物管理システムにとってもっとも重要な特性は安全性だと認めていた。[*13] 彼らは、廃棄物管理システムは、人間、社会、環境に害を及ぼさないという根拠のある健全な保証に立脚しなければならないと考えた。ここでもまた、彼らの懸念はカナダの核廃棄物管理政策の歴史に由来する。歴史的経過のなかで二つの陣営の人々は、核廃棄物管理は現在世代と将来世代の双方にとっての危害を避け、リスクを最小化しなければならないという信念を共有していた。それぞれが公表したおもな政策声明をみると、主導的推進派も批判派も、現在世代と将来世代の安全性に関心を表明している。しかし、核廃棄物施設の評価、核廃棄物の長期にわたる管理、そして核廃棄物管理政策がそれぞれ何を必要条件とするかについて、異なる言葉づかいで意見を述べ、正反対の結論に至った。シーボーン委員会の公聴会でおこなわれたカナダ原子力公社の構想への技術的評価をみると、この対立を鮮明に理解することができる。

カナダの核廃棄物管理ないし処分システムについての評価は、その技術的安全性を証明しようとした。すなわち、国の原子力規制機関であるカナダ原子力安全委員会（旧原子力統制局）が提示した定量化可能なリスク限度に従っていることを示そうとした。[*14] このリスク限度は、国際放射線防護委員会、IAEA（国際原子力機関）、そしてOECDの原子力機関（NEA）を含む国際的な原子力コミュニティによって確立されたものである。[*15] 放射性物質のリスク評価の専門家たちの目的は、少なくとも一万年以上にわたると予測される期間について処分システムの特性と挙動についての起こりうるリスクを分析し、安全を証明することだった。[*16] 一つのシステムにおいて放射性物質が人間に及ぼすだろうと予測されるリスクは、命にかかわる癌や深刻な遺伝子上の影響を受ける人が一年あたり一〇〇万人に一人を越えてはならないとされている。*17 カナダ原子力公社の構想に対するリスク評価の各段階（すなわち有害性の特定、リスク推定、リスク判定）に関して、シーボーン委員会の参加者たちの見方は対立した。

カナダ原子力公社の処分構想についての評価で確認された有害性は、定量化可能な用語で示された（たとえば死亡者数、さまざまな生物に認められる命にかかわる癌）。したがって確認された有害性は、放射性物質の曝露と、人間および自然環境（水、土壌、大気、人間以外の生物相など）への放射線の照射率との関係で表現された。*18 主導的推進派の人々がシーボーン委員会で述べたように、有害性のこうした理解は原子力の安全評価における国際的基準の一つである。それに対して批判派の人々は、ほかにも危害を理解する有益な方法があり、そうした方法をリスク評価に組み込むべきであると異論を唱えた。この理由についてコンラッド・ブランクは、シーボーン委員会につぎのように申し立てている。

確率論的リスク評価は定量的な方法論であり、その結果は計算式に入力されたデータの数量的な正確さと同程度にのみ信頼しうるにすぎないのだから、それには容易に定量化できる「危険だとされる」価値だけを確認するようなバイアスが強くかかっている。この容易に定量化できる数値が、一般公衆にとってもっとも重要な価値だとは必ずしも言えない。

排除される価値としては、たとえば個人的、集合的な自律性やリスクと便益の分配における公正、そして文化的、宗教的、「形而上学的」価値などがある。[*19]

同様にアンヌ・ワイルズが指摘するように、公聴会の参加者の多くは「人間と社会にとってたいへん重要な精神的で非経済的な性質の問題、関心事、価値があるが、これらの問題はしばしば標準的な意思決定の枠組みと手法では見落とされている」[*20]と論じた。

カナダ原子力公社がリスク推定において採用した重大なシナリオの展開についても、競合する見方が示された。一般に汚染物質、被曝物、特性、出来事、過程についての一連のシナリオが、放射能への曝露とその影響を予測する概念的、数学的モデルのための基礎を提供する。それから曝露と曝露影響の関係が規制上の限界値と比較される。カナダ原子力公社の処分構想の支持者たちは、このようなとり組みの仕方を支持し、それが国際的な放射能防護原則と慣行に一致すると述べた。[*21]ところが処分構想への反対者は、このとり組みの仕方に問題を提起した。たとえば先住民の権利連合(ARC)は、カナダ原子力公社が放射能汚染がもたらしうるつぎのような影響を評価に組み込んでこなかったと論じた。「伝統的な土地利用者、魚、動物、野生の米、果実、その他の食べ物、そして薬効のある植物の収穫」、これらはいずれも「先住民の共同体にとって重要な文化的、社会的、精神的、経済的特質」を有するのであるが、評価に組み込まれなかった。[*22:訳注17]これらの、またその他の議論にもとづいて、シーボーン委員会は一連のシナリオがカナダ楯状地における生活の現実を十分に反映していないと結論づけた。[*23] シーボーン委員会は、近い将来と遠い未来に起こりうる処分の帰結をめぐる不確実性を減らすために、「さまざまな人間の居住地――すなわち農村の、都市の、辺境の、そして先住民の地域共同体――と同様に、人間以外の生物相」に影響しうるより広範な出来事をモデル化したより多くのシナリオを要求した。[*24]

カナダ原子力公社によるリスク評価の最終段階、すなわちリスク判定に関しても、同様の関心が示された。この最終段階では、評価者は処分システムの技術的安全性を決定する。定量的評価では、〔基準と〕比較をして受け入れ可能とされるリスクであれば安全だと見なされる。この安全性の理解は、一人一人の人間にとっての受容可能性ではなく、客観的と見なされる計算式によって決められた統計上のあるサンプルにとってのリスクの受容可能性との関連で定められたものである。ブランクによれば、「もしリスクが（その費用を含めて）利益を下まわるなら（「効用最大化」の前提）、あるいは、とりうる諸代案のリスクよりも低いなら」、そのリスクは受け入れられる。[*25] カナダ天然資源省と原子力企業の人々は、この安全性の理解に同意して、これはシステムの安全性について意思決定するための合理的なとり組み方だと論じた。[*26] 他方で環境NGO、先住民族、地域社会の人々は、そのとり組み方に異議を唱えた。定量化可能ではない他の価値前提（たとえば生活の質の向上、先祖代々の土地の保存、地域社会のまとまりの強化、個人と集団の自律性の行使）こそが、放射性物質のリスクにかかわる受容可能性を決めるべきであると主張した。[*27] ブランクはこう述べる。

原子力が受け入れがたい危険なものだとする反対派の多くの主張には、何がリスクを受け入れ可能にするのかということについて、明らかにまったく異なる暗黙の前提がある。たとえば、人々が自ら自己決定あるいは管理の「権利」をもつと信じている価値が危険にさらされるとき、彼らはたんに圧倒的な利益を得られるという理由だけでリスクを受け入れようとはしないだろう。むしろ人々は、リスクの受け入れ可能性をリスクに同意を与える権利という点から見るだろう。さらに、多くの人々によってある意味で「交渉の余地がない」と見なされているような特別な価値というものがある。しばしば文化的、地域的なアイデンティティと結びつけられる価値とは、このタイプの価値である。これらの価値は補償される利益があったとしても、とても取引することなどできないものなのだ。[*28]

ここまでシーボーン委員会の評価には、安全性をめぐって二つの競合する理解があることを見てきた。技術的な理解がカナダ原子力公社の処分構想に内在し、行政と産業界の人々の見解を特徴づけた。主導的推進派の人々はリスク評価へのこのとり組み方を信頼し、ある危険が起こる統計的確率の意義を優先した。[*29] 環境団体や宗教組織の人々ならびに先住民族と地域社会の代表者たちは、これとは対立する見解に立っていた。[*30] 彼らがカナダ原子力公社の構想の安全性を理解するにあたり、必ずしも定量化できないさまざまな価値の領域に対する感受性と、社会的、文化的、環境的文脈に対する感受性と、長期のリスク評価を特徴づける不確実性への敏感さが重要であった。彼らによれば、安全性とは、起こりうる事態に関して、その事態が生ずる具体的文脈に即して想定されうる帰結の性質と規模に関係している。帰結のなかにはあまりにも恐ろしいと見なされ、あらゆる必要な手段を講じて避けるべきとされるものがある。そのような恐るべき帰結については、それが起こる可能性があるということ自体が起きる確率よりも重要なのである。

負担と受益

もう一つ、核廃棄物管理機構の国民協議過程では、現在世代と将来世代のあいだで負担と利益を分配する際の公正についての関心が非常に広くはっきりと述べられた。[*31] この関心もまた、核廃棄物管理機構が実施した国民協議に先立つ政策の歴史に由来するものである。この歴史を通じて二つの陣営は、分配上の公正あるいは政策上の正義に関して共通の関心を表明した。ところが安全性をめぐる見解と同じく、それぞれの陣営は関心の詳細な内容となると対立して考える傾向にあった。一方で批判派の人々は、核廃棄物の管理と結びついた負担に対して、より広く、より社会、文化、環境に敏感な意見をもち、他方で主導的推進派の人々はより狭く、より経済的な見解をもっていた。

実際、シーボーン委員会の公聴会で批判派の人々は、一定の地域社会が利益を得ないにもかかわらず原子力エネルギーの負担を負わされることになるかもしれないという懸念を述べている。大酋長のチャールズ・フォックスは言う。「計画には、原子力からいっさい利益を得ない人々に、廃棄物の長期貯蔵にともなうリスクをすべて負わせるような固有の不公平が備わっている。（中略）最終的な分析でカナダ原子力公社は、他の者たちが利益を得ることができるよう、われら自身とわれらの将来世代がすべてのリスクを受け入れることを求めている」[*32]。また現在、原子力施設の立地点となっている地域の首長たちも、起こりうる原子力事故に備えた緊急時の計画、緊急事態対応チーム、緊急時対応事務所などを構築し、かつそれらを維持する費用を含めた多くの具体的な負担について概要を述べた[*33]。同様に地域社会の人々は、ある種の「スティグマ」というかたちでの負担は町の魅力を失わせ、不動産価値を下げると明確に発言した[*34]。たとえば「マニトバ州の憂慮する市民の会」は、採鉱、林業、探検によってしばしばカナダ楯状地の地域社会に課される「好況と不況」のサイクルという社会学的負担について述べた[*35]。評価委員会への申し立てのなかで彼らは「酒やドラッグの乱用増加、家庭の混乱と崩壊、うつ病と自殺率の上昇、その他の個人的、社会的悲劇[*36]」などの、このサイクルが生みだす負の帰結に言及した。地域社会内で声高に核廃棄物管理施設を支持する者がおり、また根本的にそれに反対している者もいる状況で、多くの参加者は、核廃棄物管理施設の用地を決定し、建設し、管理しようとすることで地域社会の紛争が起きることは避けられないだろうと確信している。[*37]

先祖代々の土地との特別な関係から、先住民共同体の人々は、カナダ楯状地における核廃棄物管理施設がもたらしうる負担について、彼らに特有の懸念を示した。[*38] ワイルズによると、先住諸民族が表明した根本的な関心事はつぎの通りである。

> それは彼らの文化とアイデンティティにとっての土地の重要性であり、その根源には母なる大地に対する深い精神的な敬意と責任が存在する。大地は伝統的生活様式の基盤であり、また経済的および身体的な生存手段の源泉でもある。(中略)先住民の発言者は、彼らが生活する土地に対しても、狩りやわな猟に利用する土地に対しても、彼らの土地に流れ込む集水域や河川水系に対しても、それらを保護することに強い責任感を示した。彼らは将来世代のニーズ、伝統的には七世代先のニーズを心に抱きつつ、そうしたのである。[*39]

環境的損害の発生が彼らの生活様式を破壊するばかりでなく、それが起こりうるという可能性にかかわる恐れも同様の破壊を生みだすであろう。大酋長のチャールズ・フォックスが述べたように、もし「私たちの土地が汚染されることを、あるいはその可能性があることを恐れるならば、みんなはその土地を避けるかもしれず、私たちはその土地を［事実上］利用できなくなるだろう」[*40]。先住民の権利連合の議論はこうだ。シーボーン委員会は、

> 北カナダ楯状地のほとんどの地域が譲渡されていない先住民の土地であり、カナダ原子力公社も委員会も先住民の伝統的な土地に対する資格と権利に対し疑問を呈したり無効にしたりする権威や権限をもち合わせてはいないということを認識しなければならない。先住民族は憲法上保護された権利をもっており、この権利は環境影響評価過程のすべての段階で認識されなければならず、実現されなければならない。[*41]

批判派の人々もまた環境上の負担について懸念を表明し、環境正義を達成することが重要であると述べた。彼らは、さまざまな生態系システムの本来的な価値を保つことを追求し、複雑な命の網の目からなる生態系の構造を強調したのである。ノースウォッチは委員会に提出した意見書のなかで、よりはっきりとつぎのように述べている。環境正義は、

> 母なる大地の神聖性、生態系のまとまりとすべての種の相互依存性、そして生態系の破壊を免れる権利を肯定する。それは公共政策が相互の尊重とすべての人々にとっての正義に

もとづき、あらゆるかたちの差別や偏見がないことを要求する。また環境正義は核実験から、そして有毒または有害な廃棄物の抽出や生産や処分から、またきれいな空気、土地、水、食べ物への基本的権利を脅かすような毒物からすべての人を保護するよう求める。環境正義はすべての毒物、有害廃棄物、放射性物質の生産中止を求め、解毒と生産地点での封じ込めについて、過去と現在のすべての生産者が人々に対して厳しく説明責任を果たすことを要求する。そして環境正義はニーズの予想、計画、実施、施行、評価を含む意思決定のすべての段階に、対等な存在として参加する権利を要求するのである。[*42]

この視点からすると、原子力エネルギーと核廃棄物管理の負担には、これらの基本的原則に対するなんらかの侵害が含まれるであろう。

主導的推進派の人々は、地域社会や環境団体、宗教組織の人々が負担についてはっきりと示した広い解釈を巧みに否定した。彼らは安全性を、カナダ原子力公社の構想で解決できるような主として技術的な問題であると理解し、核廃棄物管理システムの財源を確保するという負担の問題、そしてその法的責任の問題に焦点を絞った。放射性廃棄物処分の政策枠組みをめぐるおもな関心事は、責任を含めたコストの分配が経済と効率性の見地から正当化されることの保証にあったことを思い出してほしい。[*43] 政策枠組みの形成にかかわった利害関係者のあいだでは、カナダ政府の責任を「極力減らすには、生産者ならびに所有者の役割と責任を明確にするような包括的な処分の枠組みを確立する必要がある」ということが共通の見解である。[*44]

具体的には、そのような政策枠組みは、核廃棄物管理におけるカナダ政府の直接責任を限定し、政府支出を極力抑える。この枠組みにおける政府の責任は、政策の形成、健康と安全の規制、廃棄物管理プログラムの監視に限定されている。それは同時に核廃棄物管理施設の用地を定め、設計し、建設し、管理するという役割のどの組み合わせにおいても政府が直接に責任をもたないことを保証する。その代わりオンタリオ発電、ケベック水力発電、ニューブランズウィック電力、カナダ原子力公社など核燃料廃棄物の生産者と所有者にこれらの任務に対する責任が課される。さらにこの枠組みによって、廃棄物の生産者ならびに所有者は「汚染者負担」の原則[*45]に従って、廃棄物管理活動に出資する責任を負う。このように政府が廃棄物管理施設の建設、運営、あるいは出資に責任をもたないと保証することによって、政策枠組みは、政府の支出と財政上の負担を背負うリスクを最小限度に抑えた。こうした責任の分割は、高レベル廃棄物の費用効率的な管理の方法を確立しようとする努力であった。産業界の利害関係者は、効率性の考え方から、核廃棄物管理政策の実施に政府が介入することにほとんど支持を表明しなかった。[*46] 彼らは、核廃棄物計画における米国エネルギー省の資金管理の失敗を政府が過剰に介入したときに起こる一例として指摘した。カナダの原子力企業のある職員は、「それほど遠くに目をやる必要はない。ちょうど国境の南には、「核廃棄物管理に」巨額の金を使っている政府機関がある」と述べている。[47] 産業界の利害関係者らの一般的な感情は、自分たちは廃棄物を安全かつ効率的に管理する知識と経験をもっており、したがって自分たちが管理すべきであるというものである。この感情は後に、政策枠組みにおける産業界と政府のあいだの責任の分割に反映された。

この歴史的過程を通じて、二つの陣営の人々は、現在と将来の核廃棄物管理計画から生じる負担の分配問題に関心を示した。双方とも表明したのは、現在世代と将来世代にとってのリスクを最小化し、また公正に負担を分配するという関心であった。しかしながら、これらの負担の性質をどう定義するかという点とどのように分配するのが最善と理解するかという点で、両陣営の意見は分かれた。

シーボーン委員会は報告書のなかで、負担の性質について批判派の広い見方をとり入れた。また、これらの負担についての交渉と分配においても公衆の参加、生態系についての伝統的な知識、自然環境の一体性が重要であるという批判派の視点をとり入れた。さらに委員会は、予想される廃棄物管理の選択肢に結びついた負担を理解、分析し、管理するための標準的なとり組み方を補完するような倫理的、社会的評価の枠組みが必要だと明言した。反対に、政策枠組みと後の法案C－27および核燃料廃棄物法は、はるかに倫理的語調の少ない形式的な言葉で表現された。異論のあるところではあるが、より倫理的語調でない形式的な言葉づかいを強調した根拠は、原子力業界が廃棄物管理について広い自由裁量権をもち、経済性と効率性を追求するうえで大きな選択の幅を与えることであった。

包摂とエンパワメント

この政策領域の行為者たちは、意思決定過程における包摂とエンパワメントについても一貫して関心を示してきた。両陣営の人々は、政策過程に誰が参加するのか、またどうやって参加するのかに関心をもってきたが、詳細な点についてはここでも意見が分かれがちであった。環境・倫理・宗教のためのカナダ連合（CCEER）は、シーボーン委員会に提出した申立書でこう述べている。

すべての開かれた原子力社会には分裂がある。その分裂とは、技術的に複雑な意思決定を誰がすべきか、どの価値を支持し、どの価値を否定するのかを誰が決めるべきなのか（何がリスクか、どのように危険なのかを誰が決めるべきなのか）、そして最終的に、それらの決定が良かったとき、あるいは悪かったときの責任を誰が負うべきなのかに関するものだ。[*48]

再びシーボーン委員会の公聴会に目を向けてみると、この分裂がはっきりと見てとれる。批判派の人々は、この公聴会を建設的だと感じ、公聴会がこの領域の意思決定を民主化したと論じた。反対に主導的推進派の人々は、反原子力の運動家が意思決定過程へ入り込むことを許してしまったという点で、この公聴会は正統でないと論じた。たとえば、一方ではエネルギー調査会のノーム・ルビンが、「この公聴会は、この主題についてこれまでにカナダがおこなってきたとり組みのなかで、断然、もっとも開かれていて、参加型で、民主的で、自立的な、知恵を見出す方法である」[*49]と述べ、他方ではカナダ原子力協会（CNA）のコリン・ハントはこう述べた。

公聴会がカナダのどこで開かれるかが問題なのではなかった。以前の公聴会で証言したのとまったく同じ顔ぶれなのだ。〔中略〕いつもの反原子力団体の群れだ。公聴会に参加しているのはそういう連中なのだ。〔中略〕公衆というものは発言しなかった。委員会が声を聞いたのは、何度も何度もくり返し言いたいことをくり返す、一握りの特殊な利益集団に尽きる。だから、こんな疑問が湧いてくる。一握りの〔自称〕公共利益集団、いわゆる利益集団が、自分たちが公衆の利益を代弁しているというように理解するのは正しいことなのか。[*50]

包摂と参加についてもっとも議論が集中したのは、一九九六年の政策枠組みの形成についてである。すでに見たように、カナダ天然資源省は政策枠組みを発展させるために開催した協議に「おもな利害関係者たち」を招いた。そこに含まれるのは、核燃料サイクルの各局面に利害関心をもつ州の行政官、カナダ原子力公社、原子力統制局、三つの原子力公益事業体、ウランの採掘企業、核燃料の加工・製造企業、原子力関連の利益集団である。[*51] カナダ天然資源省は、この政策領域にかかわるどのような環境NGO、宗教NGOも、この枠組みに影響されるかもしれない利害を有するどのような先住民の組織と民族も招きはしなかった。言うまでもなく、批判派の人々はどのようにこの政策枠組みが作られたのかを問題とした。

以下に引用するシーボーン委員会での説明の抜粋は、この緊張状態を例証している。ドゥーガル・マックリースとロイス・ウィルソンは委員であり、カナダ天然資源省のウランおよび放射性廃棄物局のピーター・ブラウンは局長の立場で発言した。

マックリース博士：……私たちは今日、多くの人々からある懸念事項を聞いてきました。それは「カナダにおける放射性廃棄物処分のための政策枠組みの発展に関する」討論資料が、引用して言うと「おもな利害関係者」に送られたとありますが、彼らの見方ではおもな利害関係者である多くの公共団体にも、影響を受ける一般市民にも送られていないという懸念です。誰をおもな利害関係者と考えているのかという問題について話してくれますか。
（中略）
P・ブラウン博士：はい。基本的には、資料は放射性廃棄物の所有者ならびに生産者、所有者と生産者を代表する組織、州政府とカナダ政府機関に送りました。一般的な配布はしませんでしたし、広い範囲の利害関係者にも送りませんでした。事実上、所有者と生産者、そして民意を見つけ出すことに責任のある人々に文書を送ったのです。この人々は資金を提供しなければならない人たちであり、基本的に全体を組織しなければならない主体であります。……
（中略）
L・ウィルソン博士：……ドゥーガル・マックリース氏からの利害関係者に関する質問へのあなたの返答をうかがいたい。二日か三日前まで、この六年間すべての［シーボーン委員会の］公聴会に出ていた人々の多くが資料を利用できることすら知らなかったことに、私はかなりのショックを受けました。その人たちは資料を使って、その内容を質問や議論に組み込むことができなかった。そのことが私には非常に無責任に思えるのです。
P・ブラウン博士：資料は一九九五年の内閣の命令以降にできたのでしょう。一九九五年の会計検査院長官によって推進されたのですよ。政策の枠組みが出てきたのは……［七月一〇日」。

L・ウィルソン博士：私が指摘したいのは、参加者の多くがこの公聴会でその情報を得られる立場になかったということです。彼らはそれについて聞いたことがなく、手にすることもなかったのです。[*52]

（中略）

シーボーン委員会についての回想録のなかでウィルソンは、カナダ天然資源省の政策枠組みが主要な利害関係者のうちのある選択された集団との協議によって導き出されたことに、多くの参加者が「激怒した」と書いている。[*53] 環境団体や宗教団体の人々、先住民族と地域社会の代表は、この政策枠組みによって、原子力エネルギー企業が核廃棄物管理の政策形成と実施にあたって過分な自由裁量権を与えられたという強い確信を共有した。[*54] 彼らの安全性についての理解と、彼らの核廃棄物管理に結びついている不確実性の重視が前提にある以上、政策枠組みを基礎づけるような重大な決定には、より広い公衆が直接かかわってこなければならなかったと彼らは感じた。関与させられなかったことから、彼らはこの重要な政策声明の正統性を疑った。

反対に、カナダ天然資源省と原子力エネルギー業界の人々は、政策枠組みの構築における自分たちの役割を正当化できると感じていた。[*55] 原子力エネルギー企業とカナダ原子力公社は核廃棄物管理全般に専門的知識を有しているのだから、彼らが政策決定過程を先導する役割を担うべきだと論じたのである。産業界に技術的専門知識が集中していることと、産業界に財政上の責任をまかせたいという願望から、カナダ天然資源省の職員は、政策の形成と実施にあたって産業界の諸主体を優先することが正当化されると感じていた。核廃棄物の所有者ならびに生産者には廃棄物管理の操業と財政に責任があることになるのだから、カナダ天然資源省にとって彼らが政策展開に直接的役割をもつことは当然正当であると思われた。このようにカナダ天然資源省は、政策枠組み、後の法案C－27および核燃料廃棄物法の策定に「おもな利害関係者」がとり組むことを正当化した。

説明責任と監視

これらの議論の流れは、後に核燃料廃棄物法となる法案C－27に関する議会の公聴会に引き継がれた。公聴会での専門家の証言は、誰が政策の形成に参加するのかよりも、誰がどうやって政策の実施に責任をもつのかに言及したものが多かった。この過程を、誰がどうやって監視するのかという懸念も提起された。全体を覆う関心は将来の核廃棄物管理機構の説明責任と透明性に関するものだった。この機関は誰に対して責任があるのか。議会か、核廃棄物管理機構の株主か。機関は誰によって、どのようなメカニズムによって監視されるのか。ここで再び二つの陣営が、関心を共有してはいるものの、具体的な政策上の要求については正反対の理解をしているという事態が見られる。原子力エネルギー企業とカナダ原子力公社の職員は、法案C－27につぎのように賛成した。この法案によって彼らは民営の事業体として廃棄物管理の組織を創設、運営し、財政管理する権限が適切に認められ、かつカナダ天然資源省に対する具体的な説明責任も明文化されたと主張した。さらに、法案は充分な監視の仕組みを具体化していると断言した。議会の公聴会でオンタリオ発電のリチャード・ディセーニは、法案の監視対策の規定について以下のように論じた。

本法案は、第一に、核廃棄物管理機構が計画を策定する前に公衆との協議をおこなうことを求めている。

第二に、核廃棄物管理機構はまた諮問会議を設置しなければならない。諮問会議は核廃棄物管理機構による研究および三年ごとの報告書にコメントし、そのコメントを公開する。

第三に、核廃棄物管理機構の報告書を受け取ったうえで、カナダ天然資源省も協議を開始できる。

第四に、カナダ天然資源省に向けた核廃棄物管理機構の研究と報告書もまた公開されなければならない。

第五に、諮問会議の議長によって出された使用済み燃料廃棄物を管理するための選択肢は、カナダの環境影響評価法に従ってカナダ政府の環境影響評価を受けなければならない。この環境影響評価は公衆との協議を含む。

そして、第六に、その環境影響評価が受諾されれば、廃棄物管理計画は原子力安全管理法のもとで建設と操業の許可を受けなければならない。この過程もまた公衆との協議を含む。[*56]

原子力関連施設立地地域連盟、先住民族会議、ノースウォッチの代表ら批判派の人々は、カナダ連邦議会での野党議員たちと同じように、この条項に不満をもった。この条項は原子力産業界によって作られる廃棄物管理の機関にかかわる根本的な懸念にとり組んでいないというのだ。彼らは、原子力企業をとり巻く秘密主義の歴史とこれらの企業が自分たちの狭い範囲の利益を増進しようとしてきた過去を指摘した。また管理機関は、原子力企業からは「ある距離を置いた」公的な組織として形成され、事業活動をするべきだと主張した。[*57]

批判派の人々は、法案の監視条項を非常に具体的に批判している。[*58] 彼らは、この機関が広範な政策目的を満たすことを保証するために、カナダ政府が監視すると規定していることは認識していた。しかし、管理機関が広範な利害関係者の関心をとり上げることをさらに保証するために、公衆が直接監視することについての規定はほとんどないと主張した。彼らは、規定が原子力企業に理事会と諮問会議の委員を任命する自由裁量を認めていることに不安を示した。そして法律上の要請がなければ、原子力企業は広範囲のさまざまな団体の代表を委員に必ずしも任命しないと主張した。それゆえカナダ同盟のデイビッド・シャッターズ議員は、「廃棄物の生産者が諮問会議を設置するのであれば、彼らは適切な専門家を任命するだろう。だが同時に、それらの人々は原子力産業の立場にいくぶんか共感をもつ人たちだろう。〔この法案は〕その点でもっともらしく見える」だけだと述べた。[*59] 保守進歩党のジェラルド・ケディ議員によれば、「確かに委員会の出席者は、市区、地方行政区、先住民共同体についていくらかの一般的関心があるだろう――そして法案は、彼らに一定程度、口先だけの敬意を払っている――しかし、この法案には、彼らの主張を反映させることの保証はまったくないのだ[*60]」。

主導的推進派の人々は、管理機関は民営であるべきだし、機関の株主（すなわち原子力エネルギー企業とカナダ原子力公社）がその委員の任命に一定の権利をもつべきだと主張した。[*61] 彼らは、法案は理事会あるいは諮問会議に広い領域からの代表を任命することを妨げてはいないと述べた。原子力エネルギー企業の上級幹部は、管理機関が選んだ選択肢の実施を成功させるには、管理機関の構成と活動にさまざまな利害関心と視点を組み入れなければならないだろうということをよく承知していた。[*62] しかし主導的推進派の人々は、あまりに広い領域からの代表を任命することは非効率的なので望ましくないと主張した。カナダ政府の監視役割に関する公衆との協議に参加した一人は、あまりに広い領域から代表者を任命すれば、「政争」が実施過程にもちこまれるだろう、と発言している。[*63]この参加者によれば、「反核の立場で政策提言をしている諸集団は、本来は政治的な存在であり、管理機関の目的は議論することではなくて実施することなので、彼らは代表になるべきではない。（中略）もし反核の諸集団をとり入れたら、実施機関は運営できない状況になるだろう」。[*64]

法案C－27によって原子力企業に与えられた任命権のほかに、批判派の人々は、将来の核廃棄物管理機構の説明責任と透明性にも懸念を表わした。[*65]議会の公聴会で参考人たちは、法案が公衆の参加について沈黙していることと、協議に関する文言がより弱い表現になっていることについて懸念を表明している。彼らは、シーボーン委員会の報告書が「核燃料廃棄物管理のすべての局面で公衆の参加を通じて」と推奨している一方、法案は事実上、参加という用語を避けたと指摘する。彼らが指摘しているところによれば、法案は廃棄物管理機関が将来、一般公衆ととくに先住民族と協議するよう求めており、この協議にはさまざまな活動――アンケート調査をすることから、より深い対話集会を開催することまで――が含まれうるが、それらの活動は必ずしも意思決定過程に統合される必然性が存在しない。さらに環境団体の人々と先住民族の代表たちは、いつかは選択された廃棄物管理システムについての公聴会を含む環境影響評価がおこなわれるだろうが、その時までにはその他のさまざまな選択肢の評価に関する主要な決定は済まされているだろうと述べた。公聴会の参加者は、この法案は一度選ばれた廃棄物管理のとり組みについて継続した協議を求めていないとも指摘した。

批判派の人々は、管理機関が政府の情報公開法の規制を受けないことにも懸念を示した。[*66] この懸念も原子力産業の秘密主義と利己主義の歴史に結びついている。議会の委員会でウィルソンはこう発言した。「私たちはこの機関が政府の情報アクセスに対して開かれていないことに少々困惑している。(中略)すべての[シーボーン委員会の]公聴会で私たちが直面した主要な問題は、この原子力発電というテーマをとり巻く秘密主義と支持者と反対者の双方から正確な情報を得るうえでの問題である」[*67]。他の者からも管理機関が会計検査院長官への報告義務を負わないことに懸念が示された。[*68] さらに他の人々は、管理機関がカナダ天然資源省に対して毎年おこなわなければならない財政状況の報告と、三年に一度の事業計画に関する報告では不充分だと主張した。先住民議会、原子力関連施設立地地域連盟およびノースウォッチは、将来の核廃棄物管理機構は議会に報告をすべきだと述べている。ウィルソンは下院委員会でこう発言した。「私は上院で長く過ごしてきたので、議会への報告というものは何かを精査するのに適切なやり方ではないとわかっている。あなたが大臣から報告書を受け取るとする、そこにはおそらくいくつかの疑問な点があるだろう。注意深く検討するために(中略)委員会に送られる必要がある」[*69]。委員会の野党議員はみんなその点を改善しようとした。ケディ議員が提案したのは、「すべてが行政組織の管理下でおこなわれるのではなく、大臣はカナダ天然資源省の大臣として当然有するべき報告書の内容を知る権限を確実にもてばよい。

しかし、実は議会議員たちもまたその報告書の内容を詳しく知る権限をもてばよいのである」ということであった。[*70]

主導的推進派の人々は、これらの議論に応えて何点か指摘をおこなった。ある者は、情報公開法と会計検査院長官への報告は、公衆による監視の唯一のものでもなければ、もっとも効果的な方法でもないと論じた。ある公益事業体の職員が述べたように、核廃棄物管理機構はいくつもの監査手続きを選択することができる。[*71] 管理機関は、高レベル放射性廃棄物についての諸選択肢の検討や選ばれた選択肢の実施といった一定の成果にかかわり、またそれに責任があるのだから、秘密主義であることを好むわけがないと主張している。ディセーニは下院委員会で同様にこう述べた。「大臣と政府へ報告書を提出し、また公衆に情報を提供しつづけることにまったく問題はない。それをしなければ、そこに［すなわち私たちの意図した成果へ］たどり着くことはできないだろう」[*72]。しかしながら彼は続けてこう指摘した。「私たちはそれに年に一億ドルを費やしている」。そして、

他国では七年、一〇年、一五年でおこなっている管理経過の報告をもし毎年するならば、充分な協議がなされていない、適切な公衆の関与がなされていない、表面的であるという非難の格好の標的となり、一二カ月のうち三カ月は報告書を書いて、もう三カ月は報告書を弁護して過ごすことになるだろう。[*73]

この議会の公聴会を検討するなかで私たちが見たものは、核廃棄物管理政策の実施において説明責任と監視が必要であるということについての二つの競合する概念解釈である。一方は法案で具体化され、原子力企業の職員たちによって支持されている。もう一方は、宗教団体と環境団体の人々や先住民族と地域社会の代表者たちによる政策への批判として表現される。前者は、法案が確立した核廃棄物管理機構と監視の仕組みの有する制度的、法律的な構造をもってすれば、核廃棄物管理政策の説明責任と監視を充分に提供できると断言する。後者は、この法案によって、株主以外の人々に対して充分な説明責任も透明性ももたないような廃棄物管理機関をつくりだすことになるだろうと考えている。この批判的視点からすれば、機関は原子力関連の事業体から独立し議会に説明責任をもつよう、また公衆の参加と情報公開による監視のもとで事業活動をおこなうよう設計されるべきである。

倫理的政策分析の諸基準

シーボーン委員会の公聴会で言論上の二つの陣営は、政策が必要とするものについて相互に対立する見解を進展させることになった。それは将来世代、安全性とリスク、負担の分配、包摂とエンパワメント、説明責任と監視にかかわるものである。一方の陣営は、カナダ原子力公社による深地層処分の構想の安全性は技術的な問題で、確率論的リスク評価とリスク費用便益分析として理解され、またとり組まれると論じた。彼らは現在の知識と技術の長所を強調し、深地層処分という自然まかせ型システムは安全、公正で、費用対効果としても私たちの廃棄物が処分されることを将来世代に保証し、現在世代の責任を充分に果たすもっとも望ましいものだと主張した。彼らはまた、公共政策が核廃棄物管理の経済的負担と、とくに財政的責任の公正な分配にとり組む必要性を強調した。さらに、核廃棄物管理の専門家は原子力産業界にいるのだから、また核廃棄物管理機構に資金を提供しているのは原子力産業なのだから、関連する政策を決定してその決定を実施するうえで産業界は正当な役割を果たすと論じた。他方で、反対陣営の人々は、安全性は原子力事故の直接的な影響をこうむるであろう人々の視点から理解されるべきであり、また事故が起きたときの社会的状況のなかで理解されるべきだと論じた。この視点から彼らが強く主張したのは、廃棄物管理の管理継続型システムが将来世代の技術的知識の発展と資源のニーズに適合できるということである。さらに彼らは、核廃棄物とその管理に結びついているリスクと不確実性を考慮に入れると、直接に原子力エネルギー産業にかかわっている者を越えた公衆がこの政策に参加する権利をもっていると主張した。

この事例の経過は、リスク、不確実性、将来の状況にかかわる政策領域で起こりうる倫理的紛争の具体例を示してくれた。この事例は、こうした紛争を解決するための倫理的政策分析の研究方法において必要な基礎的な概念群を示唆する。将来世代、負担の分配、包摂、エンパワメント、説明責任、そして安全性の評価と政策形成と実施に対する監視という関心に照らして考えると、研究の視点には道徳上の地位の諸原則——政策決定過程において誰が関係するか、なぜ彼らに重大な関係があるのか、どうやって彼らが関係するかに関する諸原則——を含む必要があることがわかる。哲学的視点から見れば、これらの原則は（たとえば感覚、尊厳、合理性のような）人々の道徳上の価値を基礎づけることに関係している。より実際的には、これらの諸原則から、公共的意思決定において特定の区分の人々を〔重要と〕認め、包摂するための基本的な根拠が提供される。とりわけ難題なのは、将来の人々のための道徳上の地位についての諸原則を案出することであるが、そのような諸原則は生活機会における分配構造と参加のあり方を決定するに際して、ある世代に属するという事実はそれ自体で道徳的に意味のある違いをもたらさないという、論争の的になっている主張に依拠している。別の言い方をすると、これらの諸原則は、ある人がある世代に属するということが道徳上の自由と自律を達成するうえで有利になっても不利になってもいけないという主張に依存する。

倫理的政策分析の探求にとってもう一つのきわめて重要な要素は、良さの概念解釈である。良さの概念解釈は、公共の制度と政策において支持または実現されるべき究極の価値に関係している。またこの概念解釈は、正義の諸原則の目標に関する主張からなる。理念的には、それは現在世代と将来世代の双方のための公的決定において具体化されるべき諸価値を整合的に示す。この概念解釈の目的は、正義の理論を提示することであるが、ついで正義の理論は、利益と負担の定義および分配に関して正当化できる主張をするのに貢献する。このように倫理的政策分析の枠組みは正義の理論に基礎づけられることをも必要とするのであって、正義の理論はどの負担が最小化されるべきか、またどうやって最小化されるべきか、どの利益が最大化されるべきか、またどうやって最大化されるべきかを指し示すのである。この理論は、現在世代と将来世代のあいだでどうやって負担と利益を公正に分配するかについても示すべきである。さらに、それは両世代にとっての公的に拘束力をもつ責任と義務を明確化する際にも私たちを教え導くものであるはずだ。

加えて倫理的政策分析の探求は、公的決定をする者とその決定に拘束されたり影響を受けたりする者のあいだでの正統性を付与する関係についての概念解釈を含まなければならない。正統性は、公的な政策決定がもつ強制的な効力を道徳的に正当化することにかかわっている。また正統性は、強制する者と彼らに強制される者のあいだでの道徳上の関係に即して表現される。この関係を統制する諸原則は実質的であるとともに手続き的であり、強制を受ける人々が彼らにもたらされた強制を我慢し、同意し、あるいは正当と認める理由に影響を及ぼすのである。

実質的諸原則は、効率、経済、正義といった諸原則を含むだろう。手続き的諸原則は、司法管轄権の適切な諸領域、合理的意思決定のための仮説的な諸条件、あるいは情報提供にもとづく強制をともなわない合意がなされるための理想的手続きといった発想から引きだすことができるだろう。これら諸原則は、政策を形成する者とそれに拘束されるかそれに影響を受ける者のあいだでの正統性のある関係の質という点から、意思決定過程を評価する際の助けとなる。

最後に言うまでもなく、これらの倫理的政策分析の枠組みの諸要素、すなわち道徳上の地位、良さ、正義、正統性は、実際の政策過程に適用可能な決定力のある原則を生みださなければならない。さらに倫理的政策分析の枠組みは、具体的で操作化可能な原則を生みだすことがなければ、実質的には無意味である。続く第5章では、これらの諸基準を参照しながら、功利主義、現代義務論、そして熟議民主主義の諸理論を評価する。

5

三つの倫理学理論と核廃棄物問題

本章では、西洋の伝統においてもっともよく知られた三つの倫理学の理論、つまり福祉功利主義、現代義務論、熟議民主主義を検討する。それによりリスク、不確実性、将来の状況の観点から政策を分析する際に、これらがどんな長所と短所をもつのかを明らかにしたい。これらの学説は、抽象的で哲学的なレベルでは根本的に異なっている。しかし、応用のレベルでは手続き的にも実質的にも重なりあうところがある。それゆえ諸説の違いを誇張するべきではない。実際、筆者は以下の議論でそれらのあいだの微妙で複雑な関係を曖昧にしないようにしたいと思っている。

以下では、それぞれの理論を別個のものとして扱うが、それは政策分析のための適切な枠組みづくりに貢献する各々の潜在的な力を明らかにするためである。潜在的な力の評価は、カナダの核廃棄物管理政策から得られた判断基準を参照しておこなうこととする。ここであらためて述べておこう。その判断基準が関係しているのは、将来世代の〔道徳上の〕地位、安全性とリスクをどう理解するか、利益と負担という概念についてどのような解釈をするか、そして包摂とエンパワメントと説明責任の要求をどのように満たすか、どのように監視を確保するかといった諸事項である。評価基準にかかわるのはこうした事柄である。どの説にもそれなりの長所がある。しかし、福祉功利主義と現代義務論は、中身のある原則を決定、確定できないという問題をつねに抱えており、そのような非決定性問題を正当に解決する手段をもたない。熟議民主主義は、こうした難問によりよく対処することができるのである。

福祉功利主義

功利主義は、道徳哲学、法学、政治学の理論および公共政策の分野における主要な議論の形成に大きな役割を果たし、思想と考察と実践に多大な影響を与えてきた。[*1] ウィリアム・ショウの言葉を借りれば、功利主義の背後にあるもっとも根本的な訴えは「本当に問題なのは福祉と、あるいは幸福である」[*2] と表現できる。福祉ないし幸福の増進こそが「道徳性においてもっとも大切なことであり、そうあるべきだ」と彼は書いている。公共的意思決定の文脈では、私たちが何をすべきなのかをめぐる対立を正当な仕方で調停するのは困難なことが多いのだが、そういう文脈ではとくに功利主義の単純さは理にかなっており説得力がある。

福祉功利主義が基礎に据えるのは、人間の利害についての一定の理解の仕方である。福祉功利主義のもっともよく知られた支持者であるロバート・グッディンは、福祉という意味での利益、つまり福利とは「人々の究極の目的が何であるかにかかわらず、人々に有益であると言えるような」[*3] 資源を指すと述べている。福祉功利主義者の考えでは、こうした利益は特定の欲求や快や歴史的文化的文脈を超えて普遍的なものである。そしてそれらが充足されたかどうかは、観察可能な指標、たとえば栄養学的研究や平均寿命の統計学的研究によってもたらされるデータによって判定できるのである。

福祉功利主義の根底にあるいくつかの基本的な考えについて述べておこう。アマルティア・センとバーナード・ウィリアムズが言うように、この理論は「帰結にもとづいて、そして福祉という観点からの帰結の評価にもとづいて」[4]選択をおこなうように勧める。帰結の評価によって正しい行為の道筋が明らかになる。そして評価は、選択可能な行為の道筋のそれぞれがどのような福祉をもたらすのかという観点からおこなわれる。帰結主義とは、決定の適切さはその帰結に左右されるという行動原理である。決定の適切さは、その帰結がどのようなものかによって決まるのであって、決定選択の内在的な性格やある具体的な規則と一致しているかどうかによって決まるのではない。これに加え、福利主義は決定がもたらす福祉にもとづいて決定を評価すべきだと主張する。福祉こそ、唯一究極の良さだというわけだ。ショウによれば、決定はそれにより影響を受ける可能性がある人々に対するインパクトを考慮して評価されるべきである。そしてその際私たちは、すべての個人の「生を可能なかぎり良くする」[5]ことを究極の目標とするのである。福祉功利主義を支えるもう一つの基本的な考えは、期待される福祉の最大化である。福祉功利主義は、決定によって影響を受ける可能性がある個々人の利益を平等に考慮し、選択肢ごとに利益を総計して、そのなかで最大多数の利益を生むものないし利益の平均が最大となるものが最良の選択肢であると結論する。

功利主義の長所らしきもの（1） 最大化項（maximand）

一見したところ、功利主義的な最大化項〔最大化される利益の表示項目〕は、道徳的意思決定の明確なガイドであるように見える。功利主義の理想は、意思決定をする者に対して、影響を受ける可能性がある人々全体の福祉がどうなるかということに照らして選択可能な行為の道筋を一つ一つ吟味するように命じる。理想としては、政策立案者は、すべての人の福利を平等に考慮するはずなので、誰かの利益を他の人の利益より恣意的に優先することはないだろう。そのかぎりで功利主義的な最大化項は中立的な基準であり、公共政策決定に適しているかもしれない。「なんらかのより大きな良さのために、公務員が『手を汚し』、難しい選択をし、間違ったこと（あるいは通常なら間違っていると言えること、もしくは一般の民間人たちにとっては間違っているようなこと）をおこなうよう彼らが道徳的に義務づけられているのは、公務員の任務にともなう責任の本性に由来する」[*6]とグッディンは述べている。彼によれば、功利主義の「普遍主義的非人格性」が公務員に最良の仕事をさせるのだ。

功利主義の長所らしきもの（2） 道徳上の地位

道徳上の地位をもつのは何かということを包括的に規定できるという点も、政策を分析するうえで功利主義がもつ長所らしきものであるようにおもわれる。一般に功利主義によれば、あるものが道徳上の地位をもつかどうかは、基本的には感覚、より具体的には苦痛を感じる能力があるかどうかによって決まる。[*7] 人種、民族や文化、ましてや生物種がなんであれ、〔感覚と苦痛を感じる能力があるならば〕その生物の利益を道徳上考慮する必要がある。もっとも著名な福祉功利主義論者の一人であるピーター・シンガーによれば、ある生物が今はまだ存在していないこともまた、その利益を考察から除外するもっともな理由にはならない。シンガーは、これから生まれてくる世代の人々でも、感覚と苦痛を感じる能力をもつならば、現在考慮されるべき道徳上の地位をもつという大胆な主張をしている。それゆえシンガーによれば、私たちは「ある特定の時点の特定の場所で、無意味な苦しみを減らすことによって、そうしなかった場合よりもこの世界が良くなるようにすべきなのだ」。[*8] 私たちの意思決定がどこか別の時点、別の場所で、感覚をもつ生物の苦痛を増さないかぎり、それは世界全体の福祉に積極的な結果をもたらすだろうし、そうすることは倫理的に正当だというわけだ。

カナダ原子力公社による深地層処分構想のリスクを評価するさいに、道徳上の地位に対する功利主義的な見方を導入していたらどうなっていただろうか。処理の影響を受ける可能性がある、感覚をもつすべての生物の利益を等しく考慮すべきだという主張が正当化されたかもしれない。さらに、私たちには将来も考慮に入れたリスク評価、すなわち感覚のある生物の利益を脅かすリスクが存続するかぎり、そのような将来時点までを視野に入れたリスク評価をおこなう義務があると論じることもできたかもしれない。加えて、道徳上の地位に対するこうした功利主義的理解は、カナダ原子力公社に対してはるかに詳細なリスク評価のシナリオを要求することもできただろう。というのは、将来に向けてリスク評価をおこなうとすれば、その諸段階の一つ一つを特徴づける不確実性が増すだろうからである。シーボーン委員会の公聴会に参加した人々は、カナダ原子力公社が提示したシナリオそのものやシナリオにおいて予測された帰結が、十分にくわしく書かれているかどうかという点について多くの懸念を表明した。少なくとも一見したところでは、功利主義によってこうした懸念に対応することができたように思われる。

功利主義の長所らしきもの（3）　良さの概念解釈

もう一つ、福祉功利主義の長所であるように見えるのは、良さの理解の仕方である。福祉功利主義論者によれば、彼らが提示する良さの概念解釈は、個人的な快や選好ではなく、基本的な資源がもたらす利益に留意しており、より快楽主義的な色彩の濃い古典的功利主義とは一線を画するものである。したがって、主観的選好とは対比される基本的利益を最大化するような帰結が最良であることになる。福利はより高次の選好として理解される。その時々の好みや欲望や快楽に抗して、充実した生のために真に必要なものとは何かを反省してみることによって、私たちはそうした福利に思い至る。そして、こうした反省を通じて、福利は一般に私たち一人一人にとって必要であり、一人一人がもつかもしれないより個人的な選好よりも優先されるということを認識するに至る。シンガーにとってもっとも重要な利益とは「苦痛を避け、能力を開花させ、食や住まいの基本的な必要が満たされており、温かな人間関係のなかに置かれ、自分の計画を誰にも邪魔されずに果たす自由をもつ」[*9]ことにある。良さについてのこうした考えは、特定の文脈を超えるものであるとされている。そのため政策決定において、現在および将来のさまざまな生物にもたらされる帰結との関連において、どの価値と利益が擁護されるべきかを判断する根拠となりうる。

良さに関するこうした理解から、福祉功利主義は正義に関する明確な理解を生みだす。福祉を最大化するという功利主義的な目標が正義のなんたるかを決めるのだ。グッディンは、分配原理を追加して、正義のこうした理解に実質的意味を与えている。[*10]功利主義がしばしば個人の選好と利益に究極の基礎をもつと見なされることを指摘したうえで、グッディンはつぎのように論じる。この論理をさらに推し進めるならば、人は人であることによって尊重されるといういっそう根本的な前提のゆえに、人々の選択が尊重されることがわかる。人であることによって人に本来備わっている尊厳を私たちは尊重するのだ。したがって、よくある功利主義批判とは違って、功利主義は少数者を犠牲にして多数者の利益を増進する政策を生みだすわけではない。[*11]こうした政策は、政治的にも道徳的にも不安定であろう。そしてこの不安定さは全体の福祉を減少させるであろう。これらの根拠にもとづいて、グッディンの功利主義は、政策立案にとって必要な情報の入手を法的、社会経済的、政治的に保証するような諸原則を喚起する。それによって政策決定の影響を受けうるすべての人々を公正に扱えるようになるのである。[12] グッディンは、環境政策上の意思決定にかかわる倫理的諸原則も与える。[13] そこにはとり返しのつかない危害を回避するようにすること、複数の行為選択肢の比較検討、弱者保護、最低賃金の最大化、持続可能な利益の最大化、災害の最小化が含まれる。

福祉功利主義の非決定性（1） 処分システムの選択

グッディンによる福祉功利主義の理解が核廃棄物管理の問題に適応されたならば、それはいくつかの道徳的な問題に対処するのに役立ったかもしれない。彼の提示した良さの概念と正義の諸原理は、鍵となる決定において争点となっている利害とはどのようなものか、またこの利害にとっていかなる帰結が生ずるかということに注意を向けさせることができたかもしれない。功利主義の最大化項を用いれば、選択肢の各々について、その影響を受けうる全人口の福利、たとえば安全性、食物、住まい、健康、教育等々を含む利益を考慮し、そのうえで危害を最小にし、以上の利益に照らして人々の福祉を最大にする選択肢を選ぶような正義を要請できたかもしれない。そのためには、まず人々がどのような利益をもつのかを詳細かつ状況に即した仕方で明らかにすることになるだろう。それを明らかにしたうえで今度は、個々の政策によりそれらの利益に対してどのような帰結が生じうるかということが入念に吟味されることになる。

さらに、とり返しのつかない危害を回避するというグッディンの原理は、現在ならびに将来の世代の福利を守る議論構築に資したかもしれない。この原理を使えば、回収不能な処分システムに対置される管理継続的な核廃棄物管理システムを支持する批判派の議論を強化できたかもしれない。批判派の人々は、この福祉功利主義的な考え方に依拠することで、技術革新やエネルギー需要の変化、リスクと安全性に関して今後出てきそうな懸念などを考慮して、核廃棄物をどのように管理していくのが最善かを決める機会を将来世代に与えるから、管理継続的なシステムのほうが回収不能な処分よりも良い選択であると論じることができただろう。彼らはまた、回収不能な処分システムは、万一システムが意図通りに働かなかった場合に、選択肢を狭め、復旧作業を難しくすると論じることもできただろう。一般に自然まかせ型の処分システムの不具合は、管理継続型システムよりもより困難なかたちで回収不可能性の問題をともなうため、修復作業が複雑になることが認められている。主導的推進派の人々もまたカナダ原子力公社の構想を変更し、廃棄物を監視し回収するため、システムに能動的要素をとり入れていくことを正当化するのに、功利主義的な原理を使うことができただろう。このように論争の激しい政策領域においても、功利主義を採用すれば多様な視点の収束を正当化することができたはずなのである。

しかしながら、持続可能な利益を最大化するというグッディンの原理は、シーボーン委員会の公聴会で展開された相対立する政策論のいずれにも倫理的な根拠を与えてしまうという可能性がある。この原理は世代間の平等を配慮することに直接言及している。それは「各世代がほぼ等しい利益を受けることを保証される」こと、また「ある世代がある利益を正当に享受できるのは、その恩恵が後続の諸世代まで持続可能である場合に限られる」[*14]ことを要求する。シーボーン委員会の公聴会においては、批判派は、持続可能なエネルギー政策の重要性に人々が注意するよう促し、この政策における原子力発電と核廃棄物の位置づけに疑義を呈した。その時、彼らはグッディンの原理をもち出して「再生可能エネルギー（たとえば太陽、地熱、風力、波力など）のほうが稀少な天然資源よりも明らかに望ましい。そしてこの稀少な天然資源にはウラニウムも含まれる」と主張して、原子力から他の選択可能なエネルギー源への段階的な移行を擁護することもできただろう。ただし主導的推進派の人々も、この原理を使って地層処分のメリットを強調することができた。というのも、彼らの見るところでは、原子力発電は持続可能な大量発電の方法であり、地層処分はその方法に現在立ちはだかっている廃棄物問題の解決策にほかならないからである。このように功利主義にはどちらの立場が正しいかを決定する力はない。それは互いに競合する複数の政策的な立場に対する正当な裁定がどうあるべきかを示すものではないのである。

福祉功利主義の非決定性（2）　効用の最大化

ほかにも別のかたちの非決定性がある。「最大多数の最大幸福」というベンサムによる功利主義の基準の定式化からしてすでにやや誤解を生じる性格をもっている。ショウによれば、これは二つの異なることを最大化するように命じる。[*15] 幸福の量と幸福な存在者の数である。だが、最大化を選ばねばならない、あるいは優先せねばならないなら、私たちはどちらの最大化を選ぶべきなのか。増すべきなのはある集団の平均幸福か、それとも幸福な存在者の数のほうか。将来世代に対する責任と義務を考える文脈では、これらの問題とそれに対する解答の含意についてとくに意見が分かれている。[*16]

ヤン・ナーヴソンは、将来世代に対する責任と義務に関する文献のなかでは、最初期に位置する論文を書いており、そのなかで彼は、幸福の総和を最大化する目的で人口を増加させることは誤りであると論じている。[*17] なすべきは最大の平均幸福であると彼は言う。平均幸福は「最大幸福と最大多数の両方を狙うべきだと言っているわけではない」[*18]。そうではなくて、存在するすべての人をできるかぎり幸福にするべきだと言っているのである。この見方では、功利主義的な義務は、現在時点で実際に存在する人々か、あるいは将来の時点で実際に存在する人々に対するものである。そこには、もし子孫がかろうじて幸福だとは言えても最適水準には満たないような人生を送ることになりそうなら、彼らを生まないようにする義務も含まれる。幸福の総和の最大化とは違って、平均の最大化は、予期される社会的、環境的条件のもとで人々がどれほど幸福であるかを考慮せずに人口増加を正当化するわけではないのだ。

しかし、幸福の平均の最大化は、直観に反するような政策を生む点で問題を含むものでもある。

ショウが書いているとおり、「おかしなことに平均幸福功利主義は、非常に幸福な人々がいる世界に、そこそこ幸福な人々を送り出すことは誤りだということになる。そうすれば平均幸福が下がるからである」[19]。平均幸福説は、子孫が平均以上に幸福になりそうな場合には彼らを生みだす義務があるということも含意する。さらに平均幸福最大化の基準では、平均を下まわる幸福しか享受できない人々が消去されてもよいことになってしまう。J・ブレントン・スターンズがさらにもう一つ問題点を指摘している。彼は、将来世代の人々の数の非決定性のため平均説は無意味であると論じる[20]。将来どのくらいの人々が存在するかがわからなければ、彼らの平均幸福を計算することなど不可能なのだ。

スターンズは、環境保全という必須の要請に限って、幸福の総和を増大させる義務を擁護する。彼は強力な環境保全推進論を展開することで、将来世代が自然環境から得る功利を総和として最大化する義務を根拠づけようとする。彼の見方では、私たちの決定が自然環境が将来世代に対して提供する資源を損なわないこと、あるいはそれにプラスの影響を与えるものであることを、私たちは保証するように努めなければならない。この見方が功利主義である以上、影響される存在者全体の利益享受を最大化しようとする。ここに問題がある。強調されているのが影響を受ける人々の主観的功利を増すことであり、より客観的な自然環境の特性を持続可能なかたちで管理することではない。したがって、環境容量に対して収容人口を増やすことが総和幸福を増大させる一つの可能な方法となる。ショウが指摘するように、「多くの人がまあまあ幸福であるのは、少数の人がより幸福である場合よりも総和幸福が大きいことを意味することになるだろう」[*21]。ショウが述べているとおり、総和説はつぎのことを含意している。「(1) 私たちは子どもをもつことに何がしか積極的な義務をもつ、(2) 他の条件が等しければ、地上の人口が多ければそれだけ良い、(3) 人の数を増やすのは、基本的に人々の幸福の減少を相殺しうる」[*22]

〔功利主義的な〕最大化項が何であるのかが決まらないことは、核廃棄物管理のような政策の文脈における功利主義の有効性を疑問視させるのである。平均福祉にせよ総和福祉にせよ、功利主義的な最大化項の使用はそれぞれの政策選択肢によって影響されうる人口の規模や他の特徴（すなわち人々の福利が正確には何なのか、またそれらが正確にいかにして確保ないし侵害されるのか）に関する非常に重要な問題を未答のまま放置してしまう。たとえば核廃棄物管理の選択肢を平均福祉に貢献する傾向によって評価する場合、功利主義者は、それぞれの選択肢に関して、影響を受ける人々の数や彼らが享受する福祉の諸特徴を計量しモデルを作るだろう。そのうえで功利主義者は、そうした人々の福利に及ぼす影響を調べて選択肢を比較検討するだろう。そして、もっとも高い平均効用を生じる選択肢が最終的に選ばれることになる。あるいは彼らは、効用が最大化される人の総数によって選択肢を比較検討するかもしれない。それぞれの選択肢は予測人口に対するプラスの影響によって評価されるだろう。たとえばカナダ楯状地やオルドビス紀の岩盤に処分するシステムのほうが、現存施設のなかで保管しつづけるよりも多くの雇用を生みだすことが予測されるかもしれない。どちらの場合にせよ、功利主義の応用〔の結果〕は、影響を受けうる人の数の特定、彼らの効用指標の定式化、彼らの効用の総計と重みづけの仕方次第で変わるのである。

長期的帰結に結びついている政策決定においては、影響を受けうる潜在的な人の数や福祉上の特徴を決定することは不可能なのかもしれない。もっとも包括的なシナリオとコンピュータによるモデルを作ることによって、最良の確率的評価を手にしたとしても、私たちはやはり不確実性に関連した問題に直面するであろう。一〇万年のスパンのシナリオ作りは、必然的に自然システムの変化と、その結果として生じる〔廃棄物処分〕システムの性能の変化に関する不確実性に突き当たってしまう。さらに、それは人口増加、社会の変化、社会的規範や実践や技術の変化に関する不確実性にも直面するであろう。こうしたすべての不確実性は、安全性の考え方と安全性評価の基準に関する対立を促進する。実際、シーボーン委員会の公聴会では、選択されたシナリオが『もっとも危険にさらされるグループ』の規模と性格」の点で、また「風土的、地理的、あるいは社会経済的条件の変容[*23]」の点で激しく批判された。功利主義はこれらの不確実性に対処することはできない。それはただ、これらの不確実性とそれによって生じる対立を長引かせるだけに見えるのである。

福祉功利主義の非決定性（３）　誰を数え入れるか

関連して、功利計算に組み入れるべき存在者そのものに関する問題がある。感覚のある生物で、私たちの決定によって影響を受けそうなものをすべて功利主義的な意思決定計算のなかに組み込むということは、多くのことを含意する。人間のみならず、人間以外で感覚をもつような生物の利益も考慮する場合には、その含意の帰結は非常にややこしいものになる。人間とそれ以外の感覚をもつ生物のなかで、決定によって影響を受ける個体の総体がどのくらいの規模なのかをどうやって決定するのだろう。そうした存在者の福利をどうやって決定するのだろうか。さまざまな利害をどのように比較したらいいのだろうか。これらの問題は、本質的に、政策決定において誰の諸利害が問題となるか、そうした諸利害を政策上の意思決定過程にいかに組み入れるかにかかわっている。問題は本質的に意思決定事項の範囲、決定過程、その参加者を正当な根拠をもって定義する必要性にかかわっている。これまで見たとおり、そうした問題群がシーボーン委員会の公聴会を通して提起されたのだった。功利主義は、このような諸問題にどうやって正当化可能なかたちで答えるかに関して、ほとんど方向性を与えてくれなかったであろう。

さらなる問題が、将来世代の人々の道徳上の地位に関して生じる。世代間の、また世代を超えた責任や義務について理論化しようとする現代の試みのごく初期から、将来存在する者の地位は盛んに議論されてきた。関連する文献のなかでは、功利主義的な議論ほど論議が閉塞しているものはない。

パーフィットが世代を超える文脈で生じる功利主義的考え方の矛盾を明らかにしたことは大いに議論を喚起した。[*24] パーフィットが指摘しているとおり、さまざまな決定がいろいろな人々を生みだすので、私たちの決定は未来の人々のありようを左右する。[*25] パーフィットの「非同一性」問題は、功利主義者が特定の数の人々の福祉を最大化しようとする場合とりわけ厄介である。功利主義的な理論は、特定の人々により良い影響を与えれば結果はより良く、それと同じ人々により悪い影響を与えれば結果はより悪いと主張するものだが、パーフィットによれば、将来世代の場合にはそうした比較は馬鹿げている。各々のシナリオはたった一つの決定によって変わりうるものであるし、それぞれのシナリオで言及されているのはある特定の対象群なのである。功利主義の理論に組み込まれている特定の集団の福祉に配慮することは、その集団に関する決定そのものによって挫折させられてしまう。

パーフィットの考察をふまえると、将来世代は私たちの政策決定には道徳的に無関係であると考えたくなるかもしれない。[*26] この結論には多くの道徳理論家と政策従事者が抵抗している。彼らは道徳的直観に頼って、私たちは私たち自身に配慮すると同時に、将来世代の福祉を考慮し義務を負うべきであるという主張を支えようとする。この道徳的直観の強さは、核廃棄物管理に関する各国の、また国際的な主要な政策声明が現在および将来の世代に対する義務について明記していることから明らかだ。カナダにおける核廃棄物管理関係の主要な政策声明、国連のＩＡＥＡおよびＯＥＣＤの原子力機関による主要な政策声明には、将来世代の成員に対する義務に関連した諸原則が見出される。[*27]しかしながら、直観に頼るとしても、将来世代の成員に道徳上の地位を与える功利主義的な議論はまた別の問題に直面する。

その問題とは未来の存在者の誰を勘定に入れるべきかであり、それは功利主義に関する多くの哲学的論争を生んだ。すなわち、将来の時点で「実際に存在している」存在者か、それとも将来の時点で「存在する可能性のある」存在者か。実際に存在している存在者とは、私たちの意思決定に関係なく未来に存在する人々である。彼ら一人一人のありようは私たちの意思決定に影響されるだろうが、彼らは一定数の人口として存在するであろう。存在する可能性のある存在者とは、特定の生殖行為に応じて、将来の時点に存在しているかもしれないし、存在していないかもしれない人々である。私がもつかもしれない子どもは、ただ可能性として未来に存在するような人間なのである。「先行存在説」と「総量体存在説[*28]」、あるいは「認識論的に存在可能な人々」と「意欲によって存在可能な人々」とを区別する功利主義者もいるが[*29]、用語法は異なっても扱われている問題群は同じである。

現実的に存在する未来の人間と存在するかもしれないと考えられる未来の人間のあいだには道徳上は違いが何もないと主張して、両者とも道徳上は考慮すべきだと論じる論客もいる。たとえば、

D・W・ハスレットは、「未来の福祉とは、それが先行存在する個人の福祉なのかどうかにかかわらず、端的に未来の福祉である」[30]。彼は、総体的な見方を擁護して、すべての個人の福利は「彼らが現在存在していようが、たんに潜在的に存在しているだけであろうが、等しく考慮されるべきである」と論じる。私たちの政策が人々に影響を与えるかもしれないときには、彼らの福祉を考慮に入れるべきだというわけだ。しかし、彼の立場には異論がないわけではない。

ショウによれば、この議論が含意することには疑問の余地がある。彼が指摘するとおり、「潜在的な人々」には、やがて胎児になり誕生を迎える受精卵よりも多くの存在者が含まれる[31]。現時点で存在する人間が生物学的に出産しうる人間のすべてが含まれる。この点をふまえると、たんに存在しうるというだけの人々の福祉に配慮するのは意味のないことだろう。私たちはどこから手をつけたらよいのか。どこにその境界線を引くのか。功利主義は、実際に存在する人々、つまり現時点あるいは未来の時点に実際に存在する人々の普遍的な福祉を可能なかぎり増大することによってしか意味をなさない。ショウが述べるとおり、今後二〇〇年のあいだはほぼ確実に人間が地上に存在するだろう。「その時の彼らの幸福が問題となる」だけでなく、「私たちが現在なすこと（たとえば有毒廃棄物をどのように処理するか）も道徳上の重要性をもつ。それは彼らに好影響ないし悪影響を及ぼすからにほかならない」[32]。同様に、トゥルディ・ゴヴィエによれば、私たちにとって「意欲によって存在可能な人々」の道徳的重要性は、私たちにとって「認識論的に存在可能な人々」の道徳的重要性に比肩しない。[*33] 前者の利益を、後者の利益を考慮するのと同じ仕方で勘案して意思決定すべきではないとゴヴィエは主張する。その理由は、もし私たちの決定が生もうと思えば生める人々のリスクに関連するなら、そうしたリスクに彼らをさらさぬよう、彼らを生まないという予防的な決定もありうるからだ。他方、私たちの決定が私たちにとって「認識論的に存在可能な人々」が負うリスクに関連する場合は、そうしたリスクを最小に抑えるように彼らの利益を考慮する義務を私たちは負う。問題のリスクに彼らがさらされる程度を低く抑えたいと望むなら、これが唯一私たちに可能な選択肢である。そのような場合には、「実際に存在する人々を扱うのと厳密に類比的な仕方で、私たちにとって認識論的に存在するかもしれない人々を扱うことはしごく適切なことだ」とゴヴィエは論じる。

こうした論争は、長期的帰結にかかわる事例への功利主義の適用可能性に関してさらなる疑問を喚起する。功利主義は、実際に存在する人々および可能的に存在する人々のなかで誰が影響されうるかに注目して政策の選択肢を分析せよと言っているのか、それとも実際に存在する人々かそれとも可能的に存在する人々のどちらかのなかで誰が影響されうるかに注目してそうせよと言っているのか。誰が影響を受けうるか、あるいは受けそうなのかを正当なかたちで決定し、彼らとその利益を意思決定過程のなかに組み込もうとするときに、功利主義者は大きな難題に直面するだろう。ここでもまた功利主義は、それ自身では誰を勘定に入れるべきなのかを決めることができず、それに関する決定を正当化する方法を何も与えない。ブライアン・バリーとイアン・シャピロが論じているとおり、功利主義は「幸福を勘案しなければならない人々のなかに誰が数え入れられるべきかというまさにその問題[*34]」にかかわる事柄については、答えをもたないのだ。

福祉功利主義の非決定性（4）　良さの構想

また別の非決定性が、良さについての福祉功利主義の考え方にあるあいまいさから生じる。思い起こしてほしいのだが、福祉功利主義は、一般化された利益と資源からなる良さを構想するものであった。ところが、福祉功利主義の最良の説明でさえ、そうした利益と資源が何であり、またおそらくより重要なことに、それらが特定の政策的な文脈でいかにして最大化されるべきなのかについてはあいまいである――そして、そのあいまいさは必然的なものなのだ。

確かに、すべての人が汚染されていない水と空気、適切な栄養、十分な生物多様性、生物学的な資源、健やかな生態系に関して一般化された利益をもつという主張は受け入れてよい。こうした主張は、生物多様性と生態系を汚染するリスクを減らすような仕方で核廃棄物を管理ないし埋設処分することを擁護する議論を強化することができるかもしれないし、おそらくそうするべきだろう。福利と資源のなんらかの理解にもとづいて安全性評価者は、使用済み核燃料が高度の放射能を有するかぎり廃棄物管理システムの地下水による腐食のリスクを最小にする必要があると論じるかもしれないし、論じるべきであろう。良さについての福祉功利主義的な概念解釈は、自然環境と自然資源とそこに住む生物をより良く、非常に長い期間にわたって保護するために、より高価で腐食に強い容器材料を選ぶ根拠を与えるかもしれない。しかし、良さと良さを最大化する方法が何を意味するかは、こうした例が示唆するほど単純だとはかぎらない。実際、それは公共政策の特定の領域で良さがどのように現われるかを理解しようとすればするほどより捉えにくくなるかもしれない。特定の政策的文脈は、さまざまな文化的背景とさまざまなイデオロギー的な視座をもつ政策に関与する行為者たちで形成されている。それゆえ、そういう文脈では、福祉を構成する利益と資源を特定しようとすれば、そうした利益とは何なのか、またそれらを最大化する方法は何かについて異なる見解が噴出するだろう。

核廃棄物管理の文脈では、地球、生態系、生物多様性に関する非常に異なった考え方があり、それがまた保護されるべき基本的な価値、利益、資源についての非常に異なる見方に関連している。主導的推進派は、自然環境は人間という種の経済的、技術的、科学的な進歩に資する資源として使用されるべきだと考える。こうした関係者の観点から見れば、ウランを採掘し、燃料にし、この燃料を電力生産に利用し、使用済み燃料の集合体をカナダ楯状地やオルドビス紀の岩盤に処分するのは、基本的な物質的利益を最大化する。このように電力生産の目的に自然資源を効率的かつ安全に使えば、さらなる経済発展と技術発展を促進し、それが社会全体の利益になる。そのことは雇用といっそうの富を生むことで、施設立地点の地域に直接的な利益をもたらす。こうした見方が一九九六年の政策枠組みと二〇〇二年の核燃料廃棄物法に現われているのは、先に見たとおりである。両者とも批判派の人々によって問題にされている。彼らのようなより批判的な関係者は、生物多様性と生態系が内在的な価値をもつものとして理解されるべきであり、それ自身のために、また人間の社会的、文化的、精神的利益のために保護されるべきであると考える。批判派の人々は、一連の核開発全体が不当であり、人間ならびに他の生物の基礎的な利益を侵害ないし侵害する恐れがあると見ている。功利主義は、基本的な利益と資源に関する見解の相違を生む世界観上の違いに正当化可能なかたちでとり組むための方向づけをほとんど与えない。

さらに、人類の遺伝的、社会的、文化的、道徳的な事情が変化することに照らすと、福祉資源が何であるのかを決定してしまうことができないという問題についても、功利主義はほとんど手引きを与えてくれない。人間は遺伝的に、また社会的に進化するだろうし、進化によって人間のニーズも変わってくるだろう。未来の人間の遺伝的な構成は現存する人間のそれとは非常に異なるかもしれない。このことは未来の人間が求める資源に影響するかもしれない。さらに、価値と利益に関する社会的、文化的、道徳的な考え方は時を経るにつれて変わると思われる。それが今度は未来のニーズとその満たされ方に影響するかもしれない。とりわけより遠い将来を見ればそれだけ不確実性は増えるのだから、こうした不確実性の事実が意味するのは、何が将来世代の福祉を構成したり、どうやってそれを実現したりするのかを、私たちが決して実際には知りえないということだ。私たちの目から見て彼らの福祉となるように思えるものを考慮することはあるかもしれないし、私たちの政策決定においてはそうした福祉を促進すべく努めるかもしれないが、そうした決定が本当に彼らの福祉に役立つかどうかは、実際には決して知ることはできないのである。

福祉功利主義の非決定性（5）　正義の原理

グッディンの正義の原理にも非決定性の問題がある。見てきたように、核廃棄物管理の事例では弱者保護、とくに将来世代保護の理想を前提にしたうえで、管理システムの倫理をめぐって盛んに論争がなされた。両方の陣営とも将来世代については大きな懸念を表明しているのだが、廃棄物管理システムの設計に関する点で、懸念の含意するところは根本的に異なる。一方の陣営は自然まかせ型システム、他方は管理継続型システムを擁護している。先住民の共同体とその子孫を具体的にどう保護し、どう存続させるかに関しても、それぞれの関心は競合的である。主導的推進派の人々は、経済的発展が先住民共同体の存続を確かなものにし、カナダ楯状地やオルドビス紀の岩盤に廃棄物の集中的な管理システムないし廃棄システムを建設・整備するのはこの目的に大きく貢献するだろうと論じた。先住民は、物質的な関心は少ししか示さず、もっと精神的なものの見方を提示した。彼らは自分たちの福利は厳密に経済的なものではなく、自らの土地と文化の統合的保全に根本的にかかわっていると述べた。

　功利主義的な正義の捉え方から導きだされる分配的な帰結に関しては、別の非決定性問題が生じる。この問題は、功利主義に対する現在の通常の批判に通じている。功利主義は個々の人格がそれぞれ別々である点を尊重していないのではないかと批判される。ロールズが述べているとおり、功利主義に顕著な特徴は「ひとりの人間が自分の満足を時間軸上にどう分配するかは（間接的な場合を除いて）重要ではないのと同様、多くの人々のなかで満足の総和がどのように分配されるかも（間接的な場合を除いて）重要問題にならない[*35]」ことである。センとウィリアムズは、功利主義的観点では、個々人というものを、それら個別の効用がたんに配置されているものとして、「あるいは欲望、快、苦痛といった活動が生じる場所[*36]」として見なすだけだと述べている。功利主義的な評価を下すときには、「誰が誰に対して何をするかということは、効用の非個人的な総和に対するこうした行為——直接的にも間接的にも——の影響がわかっているかぎり知る必要がない[*37]」。

　この非人格性は、受け入れがたいだけでなく矛盾する政策勧告を、とくに世代を越える文脈で生じさせるおそれがある。つぎの二つの今日的な実例を見てほしい。自然環境の持続可能な利用に関する論争に関しては、すべての未来の人の蓋然的な数を計算し、現在人口と比較すべきだとすれば（議論の都合上それが可能であるとしよう）、前者が後者をかなり上まわるだろう。予測人数が与えられた場合、将来世代は当代世代よりも道徳上の優先性をもつことになるだろう。この観点からすれば、功利主義は、世代をまたいだより大きい集合体の福祉のために、現在世代の消費の大幅な縮減（ロールズによれば、飢餓に近いレベルまで）[*38]を是認することになるかもしれない。ところが逆に、核廃棄物管理のケースに関しては、将来世代に過大な負荷を負わせる正当性が功利主義から出てきてしまうおそれがある。先に見たとおり、費用便益分析と蓋然的リスク評価はどれだけ遠い将来であるかに比例して将来世代の利益を割り引くことで、将来世代よりも現在世代のほうを優遇する傾向がある。功利主義者は、利益の配慮において最初は平等にもとづいていても、この優先順位づけを固定してしまうかもしれない。時の経過とともに生じると私たちが仮定する技術的、経済的進歩を計算に入れることで、増大するリスクを将来世代に負わせることが功利主義によって正当化されうる。そうした進歩がどのような負担も相殺するだろうと功利主義者なら言うかもしれない。ここでもやはり、功利主義には、複数の処方の対立を解決する具体的な方策が組み込まれていないということになる。

リスク、不確実性、将来の状況に関連した政策決定においては、明確さ、決定性、正当化が必要である。これまで指摘した非決定性の諸問題は、そのような政策の倫理的分析の枠組みとしては、福祉功利主義が不十分であることを示している。功利主義は道徳上の地位、良さ、正しさに関する諸原理を含んでいるが、それらの原理は決定力を備えていないものにとどまっている。究極の問題は、こうした政策決定の特徴としてしばしばみられる倫理的諸問題を正統に解決するための手続きについての具体的原則を、功利主義は生みだすことができないという点にある。

現代義務論

道徳哲学者と政治理論家の多くは、義務論が功利主義に代わるものだと思っている。現代義務論は義務、権利、機会についての理論を含む倫理学説である。[*39] 現代義務論の根幹にある考えは、倫理的意思決定のためには、かなり具体的で実質的な規範原理を意識的に受け入れることが必要だというものだ。一般に義務論者は、そのような原理が個人や集団の利益追求に制約を課すものだと理解している。彼らは、そうした原理が利益を最大化しようとする衝動に歯止めをかけねばならないと論じる。義務論と功利主義のあいだには重要な違いがあるのだが、それでも義務論は功利主義を悩ませる問題に似た問題に直面する。実際、義務論の諸説はいずれも、核廃棄物管理のような事例での道徳的諸問題を正当化可能なかたちで解決することができないのである。

義務論と功利主義の——あるいはより一般に目的論の——基本的な違いは、正しさと良さをめぐる問題にある。良さとは本質的に、究極的に望ましいこと、選好されること、価値あることに関する一群の主張である。正しさとは、究極的に何が価値あることなのかにかかわるというよりも、価値あることを達成、保護、促進するために、行為者が何をなすべきか、あるいはなさねばならないかにかかわっている。目的論的な諸理論においては「正しさとは独立したものとして良さが定義されるのであり、良さを最大化することをもって正しさが定義される」[*40]とロールズは述べている。行為の道徳上の性格を評価するときに、こういった目的論の考え方をとる論者は、生みだされる良さの多寡を最終的な拠り所にする。[*41]これに対してロールズは、義務論的理論を「〔1〕正しさとは独立のものとして良さを特定することはしない理論であるか、あるいは〔2〕良さを最大化するのが正しさであるとは解釈しない理論のいずれか」[*42]と定義している。一般的には、義務論的理論では正しさは良さに先行する。ロールズ曰く、「何かが良いと言えるのは、それが正しさに関する手持ちの原理と一致する生き方に合っているときだけだ」[*43]。正しさが道徳的にみて追求してもかまわないことはどれかを定義するわけである。

現代義務論の政治・倫理理論は、多くの場合、カントの思想を断片的に受け継いでいる。[*44]それは人間のもつ内在的な尊厳と道徳的平等に関する公理のうちに表現されている。それらの公理は、義務に対する権利の優位を強調する傾向にある。これらの公理が明記するのは、公的に強制されうる義務と責務に対応した基本的な権利として、保護されるべき、あるいは促進されるべき特別な性質を人間がもつという主張である。[*45]それゆえ義務論者たちによれば、人間の特別な性質の保護や促進が、それに対応する義務と責務の遂行の確たる理由と同等に重要だという認識があってはじめて、人間は権利をもつと言える。特別な性質とは、ジェレミー・ウォルドロンの言葉を借りれば、「個人的選択、自己決定、行為者性、独立性[46]」――つまり人間を人間たらしめる諸性質――の実現に関する根本的な諸利害にかかわる。より内容豊かなかたちで言い換えるなら、それは社会・経済的な財（たとえば教育、健康管理、基本的な生存など）の確保に対する根本的な諸利害に関係する。[47]

現代義務論の長所らしきもの（１）　道徳上の地位の概念

現代義務論の長所のように見えるものの一つは、道徳上の地位の概念解釈が福祉功利主義よりはっきりしている点である。功利主義と同様、現代義務論は、感覚が道徳上の地位にとって根本的に重要であると考える。一般的に義務論者は、感覚が根本的な利害と権利の基礎であり、この権利は社会と政府によって保護、促進されるべきであると論じる。たとえばメアリー・ウォレンは、「感覚こそあらゆる道徳的な権利の究極の源泉である。経験をもち、ある経験を別の経験よりも選好する存在には、そのことからしてすでに与えられると言ってよいような自明の権利がある。その権利とは、こうした選好の事実を理解する知性をもった者によって、この選好が尊重されるべきだということである[48]」。多くの義務論者は、感覚だけでなく、より限定的に、合理的な思考能力が道徳上の地位の決定的要素だと考える。たとえばファインバーグは、無意識的衝動、潜在的傾向性、生理的充足とともに、意識的な願望、欲望、希望からなる意欲的生命に道徳上の地位の基礎があると考える。[49]意欲をもつ生物だけが、それ自身にとっての良いものを有することができるのであり、それを達成することが当然だと考えられるのである。さらに、生物の有する意欲的生命という特殊な次元から、守られるべき諸権利に対応する諸利害が生成する。自分にとっての良いものを設定し、それを実際に獲得することに利害関心をもつということは、その生物の権利の本質をなす。ファインバーグは、全人類およびそれ以外の動物の一部は道徳上の地位をもつと考える。[*50] ロールズは、もう少し限定して人間の道徳上の地位について論じている。ロールズの観点では、そのような地位をもちうるのは人間のみである。ロールズによれば、道徳上の人格性は正義感覚と良さの概念解釈を身につける力のうちにある。[*51] 正義感覚をもつことは、社会的協働の「適切な条件」を定式化している諸原理を理解し、適用し、それにしたがって行為することを含意する。良さの概念解釈についての能力をもつということは、自分にとっての合理的利益、あるいは良さを形成し、作り直し、追求する能力を含意する。正義感覚をもつことと良さを理解する能力をもつことという二つの道徳的な力をもつがゆえに、人間は自由であり平等である。ロールズの考えでは、平等な正義が成り立つのは、正義についての一つの考え方によって統治されている社会的協働のシステムに参加する能力、およびそれに合致するように行動する能力をもったすべての人があればこそなのだ。

こうした義務論者たちは、感覚、意欲、合理性を相対的にどのように重みづけるかでは異なるものの、あらゆる人間が道徳上の地位をもつと主張する点で一致している。さらに、現在存在する人間と将来存在する人間がともに道徳上の地位をもつ点でも彼らは一致している。ウォレンが述べているとおり、将来世代の人々は「利害関心と欲望、快苦に対する感受性をもった[52]」人間になる。それゆえ彼らは、それに対応する権利をもつと理解されるべきなのである。同様に、ファインバーグはつぎのように書いている。

こうした人間がどのような人であろうと、また一定の根拠にもとづいて彼らが有すると期待される性質が何であっても、彼らは私たちが、良かれ悪しかれ、まさに今影響を与えうる諸利害をもつだろう。こうした諸利害の持ち主の特性が今のところ判然としないのは仕方がない。だが、彼らが利害関心をもつという事実は疑いようがない。そしてこのことさえ言えれば、彼らの権利に関する目下の議論の一貫性は保証される[53]。

最後に加えておくと、ロールズ的な見方では、将来の人間が合理性、正義感覚、良さの概念解釈を発達させる潜在的な能力をもつかぎりで、彼らは基本的権利、自由、その他の基本的な社会的財の要求をもつ[54]。

道徳上の地位に関する義務論的な見解は、より大きな福祉を考慮する場合でさえ、個々の人間の特別な重要性を見失うことがない。実際、ロナルド・ドゥウォーキンはつぎのように論じている。全体の福祉に依拠した要求に抗して、人間の尊厳と「地位を、平等に配慮、尊重されるに値するものとして」保護するためには権利が必要だと断言するなら、権利についてまじめに考えていると言ってよい[*55]。ある個人の利益追求を侵害することは、功利的思考によって正当化される危険がある。権利は、そうした危険から個人を守る「安全装置」である。義務論者たちは、個々の人格が平等に扱われるべきであるにとどまらず、むしろ個々の人間は道徳上は平等であると主張する。そのようなものとして個々の人間は、全体の福祉の最大化にもとづいた脅威から保護されねばならないと彼らは主張するのである。

道徳上の地位に関する義務論的概念解釈は、核廃棄物管理に関して決定を下すのに役立ったかもしれないように表面的には見える。それは、カナダ原子力公社の深地層処分構想の影響評価においては、将来世代の人々を道徳的に私たちと同等なものとして扱う根拠を与えたかもしれない。この考え方は、人間がいつ存在するかにかかわらず、道徳的に私たちと同等であり、同じレベルの安全性を得る資格をもつという議論を支えたかもしれない。この概念によって未来の人々は、私たちと同様の道徳上の能力をもち、私たちの政策決定が彼らの道徳上の能力の足かせになってはならないのだから、私たちのリスク評価に彼らを組み込むべきだという議論を支えることもできたかもしれない。功利主義とは異なり義務論の考え方は、未来の人の利益だけでなく、より明示的に彼らの基本的権利、自由、機会が私たちと同じ程度に保護されることを要求しただろう。

現代義務論の長所らしきもの（2）　良さの構想

もう一つ、現代義務論の諸理論の長所に見えるものは、良さに関する考え方である。義務論的理論では、正しさは一般に良さに先行するのだが、正しさそのものは人間の道徳上の平等と尊厳に関する公理を前提とする。これら究極的価値に関する前提があってはじめて、それらがどのように保証されるべきかに関する正しさの原理を明確にすることができる。しかし、ロールズが述べているとおり、こうした前提は「正しさの概念の優位を危険にさらしてはならず、正義の諸原理を擁護する際に使われる良さの理論は、ごくごく切り詰められた重要なものに制限される」[*56]。ロールズの考えでは、そうした必要最低限のものには、人間が自分の「人生計画を実行するために必要なもの」、たとえば自由と機会、富と収入、自己尊重と「自分自身に価値があるという感覚に対する確かな自信」[*57]が含まれる。

世代を越えた正義に関して、バリーは、基本的な道徳的平等についての三つの定理によって、良さに関する控えめな考え方を明確にしている[*58]。第一は、平等な権利である。この定理は、個々の人格が、いつ、どこに存在するかにかかわらず、平等な権利に対する道徳上の要求をもつことを述べるものである。現在世代は、「将来、平等な権利が存在する可能性[*59]」に対して影響を与えることができる、とバリーは言う。たとえば後続の人々に残す環境悪化や公害がひどければひどいほど、そのぶん彼らが私たちと同等な権利を有する見込みは低くなる、というわけである。

第二定理は、個人的な選択の責任にかかわる。バリーの考えでは、個人的選択は、それが法的な権利、諸資源、機会に関して正義にかなったシステムの文脈内部で生じるかぎり、結果の不平等を正当化する。未来の人は彼らが引き継ぐ物理的条件に責任をもちえないのだから、彼らが「この点で私たちより不利になる」ことがあれば、それは不当であろうとバリーは論じる。[*60] 彼は、第二定理から導かれる一つの系として補償原理を提示する。これによれば、不当な不平等は将来世代に機会の平等を保証することで緩和されねばならない。これが不可能な場合、将来世代の人々はこうした機会の損失を補償されるべきである。たとえば、「引き出しやすい、手近な自然資源の利用機会」を減らしてしまったのだから、「私たちが破壊した生産機会の代わりに他の機会をつくり出すこと」で将来世代に補償する債務を、私たちが負うわけである。[*61]

バリーの第三定理は、きわめて重要な諸利益についての、彼の意図では異論の余地のないリストとして提示されている。バリーの考えでは、私たちは将来世代の人々に、彼ら自身が自ら十分考えた良さの構想と合致して生きるための機会を与える義務がある。バリーの主張はこうだ。将来世代が良い人生だと思うものを私たちがそれほど詳細には想像できないとしても、きわめて重要な諸利益の侵害がそこに含まれていないことは十分明確だ。もし人間が存在するなら、「人間が健康な生活を送り、家族をつくり、能力を十分に発揮する仕事に就き、社会的、政治的生活に参加するといった、一定の客観的な要求[*62]」にきわめて重要な諸利益を有するであろう。そのようにして、バリーのそうした利益のリストには、「十分な栄養、汚染されていない飲み水、衣服と住居、健康への配慮と教育」が含まれている。

良さをバリーのように控えめにとると、利益と資源についての福祉功利主義的なリストに近づく。それでも彼の解釈は、核廃棄物管理の事例で、諸決定がある世代の利害を他の世代の利害より恣意的に優先することがないよう保証できたかもしれない。バリーの視点から見ると、核廃棄物管理施設に対する評価は、将来世代が自ら定義する意味での良い人生を送るための権利と機会の平等の要求を、私たちのそうした要求と同等に組み込まねばならないだろう。汚染されていない水と空気、十分な生物多様性、健全な生態系に加えて、一定レベルの資本蓄積を含んだ、生活に関する基本的必要として彼らが要求するものは、私たちのそうした要求と同等に、環境影響評価に組み入れなければならないというわけである。このことが含意するのは、私たちが進んで受け入れる程度よりも大きな負債やリスクの負担を将来世代に分配したなら、たとえそれが総和的な効用を最大化するとしても、そんな評価には正当性がないということである。良さに関する義務論的な考えと功利主義的な考えのあいだの根本的な違いは、功利主義のほうは、現在および将来世代の権利と機会を侵害するような分配パターンを最終的にはとる傾向があるという点だ。義務論のほうは、分配パターンが道徳上の平等の原理にもとづいており、そのような恣意的な侵害を生じない保証が功利主義よりも大きい。

これまで見てきた義務論的理論は、このように功利主義理論よりも正義に関する健全な説明を与える。正義についての義務論的な考えでは、意思決定過程を通じて根本的な道徳的平等の公理を保持しようとすることによって、将来世代へのリスクの転嫁を最小にしようとするだろう。ロールズやバリーのような義務論者は、将来世代の利益を割り引いて考えるようなことは、それが道徳上の平等の侵犯にあたる以上、しないであろう。(義務論者は割引率をきわめて低く設定しても、核廃棄物管理上の長い時間尺度との釣り合いを考えると、不適切であると思うかもしれないにせよ)義務論者にもっと受け入れやすい割引の仕方があるかもしれない。しかし、将来世代の根本的な、あるいはきわめて重要な諸利益を犠牲にして、彼らに負担転嫁するのを正当化することになるような割引には、義務論者は抵抗するだろう。ロールズならこんなふうに論じるだろう。割引とは反対に、私たちは将来世代が正義にかなった制度の連続性を確かなものにすることができるよう、彼らのために貯金すべきだ。[*63] 私たちの負債を彼らに転嫁することは、正義に対する彼らの権利を不当に制限することになるかもしれない、と。バリーなら、こんなふうに論じるだろう。私たちが自分の負債を将来世代に転嫁するのなら、彼らが良い生活を送れる見込みを制限しないように、彼らに対して具体的な相応の補償を与えるべきだ。この補償には、たとえば代替エネルギー生産の研究・開発に投資する信託資金を後世のため設けることが含まれるだろう。

現代義務論の長所らしきもの（3）　正統性の考慮

これらの義務論的理論には、正統性の考慮も見られる。ロールズやバリーの議論から引きだせるのは、正義と安定性は正統性の二つの構成要素だということである。正義の諸原理が正統であるためには、それらの原理の道徳的性質が人々を説得するものでなければならないが、人々のほうでも、こうした原理への服従に道徳的にかかわるのでなければならない。正義の諸原理は「かかわることの緊張[*64]」に耐えるものでなければならない。正統性に関してこのように考えると、たんに諸原理には正義に特有の道徳的性質があるというだけでなく、原理そのものが、その影響を受ける諸集団のあいだでなされる一定の合意から引きだされる必要があるのだ。ロールズの場合、この合意は仮説的で、彼の言う「原初状態」で生じる。バリーの場合は、政策の文脈で接近すべき理想状態と言ってよい。

道徳的に平等な人々が、協働して集団的に共存するための根本原理にもとづいて、自由にしかるべき情報を得たうえで決定を下せるようにするための、一定の理想的な手続き的条件とは何か。それについてバリーが議論を展開している。彼の言う意思決定構成体は、T・M・スキャンロンの著作にもとづいたもので[*65]、人々の道徳的平等が保持されるように設計されている点で原初状態に似ている[*66]。だが、原初状態に置かれた諸集団とは違って、この理想状況にある諸集団は自らのアイデンティティについて自覚しているし、それゆえ当然自分たちの価値観と利害についても認識している。

さらに、彼らは単純に自らの利益を追求するだけはなく「道理にもとづいた合意への願望」によっても動機づけられている。バリーによれば、こうした理想状況から出てくる諸原理は、影響を受けるすべての集団の利益を偏りなく考慮しているので正当である。また彼によれば、こうした原理は生活上の見通しに関する知識にもとづいており、関与するすべての集団の信念も考慮しているので安定している。

こうした義務論的な考え方をしていたなら、一九九六年の政策枠組みをめぐる対立をなんらかの理想的な合意によって解決するよう要請が出されただろう。そうした合意は、原子力施設およびより広く原子力産業界の代弁者たち以外の行為主体を、政策枠組みに関する熟議に参加させる根拠を与えていたかもしれない。それは自分たちに影響する政策決定を下すことに参加要求をもった道徳的に平等な主体として、両陣営の人々を熟議に加える根拠をカナダ天然資源省に与えていたかもしれない。両陣営の人々は、経済性や効率性のみならず包摂、説明責任、透明性といった諸価値——シーボーン委員会の公聴会ならびに議会の委員会における公聴会の参加者がとくに重要なものとして認識していた諸価値——を政策枠組みに含めることの重要性について熟議することになったかもしれない。両陣営の人々は、後続のすべての核廃棄物管理政策のための最適な財政的、制度的整備をめぐる討議に参加することになったかもしれない。意思決定に対してこういう考え方をしていれば、政策枠組みが、そして最終的には核燃料廃棄物法が、もっと業界利益に偏らないものになったかもしれない。そのような考え方は、核廃棄物管理に関与するすべての政策関係者に、その政策枠組みと当該の法律を支えるより確かな道徳的根拠を与えたかもしれないし、そのようにして政策にいっそうの正統性を付与していたかもしれない。

現代義務論の採点

これまで見てきた義務論的理論は、多くの点で功利主義的理論よりも勝っているように見える。概して道徳上の地位と根本的諸利益に関する義務論的な考え方は、より大きな決定力を発揮する。概して正義に関する義務論的考えはより包括的である。さらに正統性に関しては、義務論的考え方は、仮定的ないし理想的な意思決定過程を含んでいる。こうした利点は総合されることによって核廃棄物管理のような事例において、問題に対処するより堅固な基盤を形成する。

しかし、義務論的理論は、功利主義的理論に対して一定の優位を勝ちえるけれども、結局のところ、功利主義的理論と同じ限界にぶつかる。不確実性に適切に対応できるか、対立を正当化可能なかたちで解決できるかといったことについては、義務論的理論は同様にうまく答えられない。だがこうした問題こそ核廃棄物管理の事例の特徴なのだ。福祉功利主義と同様、現代義務論に含まれる哲学的要素は、実際の政策的な文脈でさらに明確に定義し確定する必要がある。道徳上の地位、きわめて重要な諸利益、正統性付与過程などについての義務論の考えは、結局のところ、あまりに抽象的なものにとどまっており、実際の政治的文脈で指示を与えるようなものではない。

現代義務論の非決定性（1）　道徳上の地位

実際、将来世代の道徳上の地位を義務論的に権利要求しても、功利主義的に権利要求した場合と同じく反対論に出会う。権利、自由、機会に関する道徳上の地位を将来世代に保証しようとする見解に対する反対論は、可能性として存在するのではなく実際に存在する人だけが道徳上の地位を権利要求できるという前提に立っている。この見解によれば、未来の人は必然的に、たんなる可能性として存在するのであり、それゆえそのような権利要求をすることはできないというわけである。たとえばルース・マクランは、根本的諸利益はアプリオリなものではなく、特定の文脈のなかで存在する人々に特有なものだと言っている。[*67] 彼女が論ずるところによれば、権利を根拠づける基礎をなすのは、特定の社会—歴史的な状況のなかで、特定の能力を発揮することに対して実際に存在する人がもつ根本的諸利益だ。現実の人間の存在に言及せずに、彼らの諸利益と対応する諸権利について、それらの形式と内容を確定することなど認識論的に不可能だ。このように彼女は主張する。少し異なる角度からヒレル・スタイナーは、将来世代の人々は権利を行使できないのだから、権利をもつこともできないと論じている。[*68] スタイナーによれば、権利の形式的特徴は、「権利の話をするときに含意されている。能力と同様、それは行使されるものなのだ」。[*69] 相関する義務遂行を他人に要求する力、そして義務遂行を他人に猶予する力を与えるもの、それが権利だ。未来の人は、物理的にも論理的にも、自分の権利を行使することが不可能であるし、現存の人物に義務遂行を要求したり猶予したりすることも不可能だ。このため将来世代の人々が権利をもつと考えることはできないとスタイナーは論じる。マクランとスタイナーと同様、リシャール・ド・ジョルジュは、人は、存在してはじめて権利をもつと主張している。[*70] それればかりでなく、人間は妊娠した時点では、可能でもなく行使もできないことを、道理を備えつつ権利要求することはできないとすら主張する。[*71] ド・ジョルジュの主張は二重である。たんに将来世代に権利を付与することは意味をなさないということだけでなく、彼らが生まれた時点で不可能かあるいは利用不可能であるような類いの待遇や資源に関して、彼らに権利を付与することは意味をなさないというわけである。

　将来世代の構成員への権利付与に対するこうした反対論は強力である。人々の合理的な諸能力に権利の根拠を求めると、未来のもろもろの存在が、私たちの政策決定のなかで保護すべき権利を現在時点でももっていると主張することは非常に難しくなる。一個の人格として十全に実現されねばならない諸能力によって権利付与の枠組みをつくってしまうと、それを将来世代の人にあてはめたときに議論が弱くなる。遠い未来の人に適用すればいっそう弱くなる。将来世代の人々の有する道徳的に意義深いと考えられる諸能力は、私たちのものとは根本的に異なるかもしれない。社会的、政治的、倫理的、思想的変化が避けられないとすれば、道徳に関係する彼らの諸能力と、それに対応する彼らの根本的諸利益がどんなものか、私たちには知るよしもない。それゆえ特定の権利を彼らに付与することをそれほど強くは正当化できないのである。

　功利主義者と同様、義務論者も未来の人々の道徳上の地位に関するかたくなな疑義に直面する。義務論者と功利主義者は、私たちは論理的にも実践的にも、将来世代に道徳上の地位を与えることができないかもしれず、そのため彼らに対する義務ももっていないのかもしれないという、直観に反する結論を突きつけられる。私たちは功利主義の場合と同様、ここでもこの結論を進んで括弧に入れるべきだろう。実際、将来世代に対する私たちの義務は、国内および国際レベルの政策声明のなかで次第に認められるようになってきた。しかしながら、将来世代に対する義務を義務論者が受け入れたとしても、問題はほかにもまだある。

現代義務論の非決定性（2）　きわめて重要な諸利益

　すでに見たとおり、バリーの理論は、良さに関する考えを、それがどのようなものであれ、いざ現実化しようというときに必要になるようなきわめて重要な諸利益を明示している点で魅力的である。きわめて重要な諸利益についてのバリーの議論は、正当化できない想定に過剰に寄りかからないような道徳的方向づけを与えてくれる。そこが魅力である。彼の議論は、現在および未来の人々にかかわる帰結をともなう公共的決定において、何が究極的に追求され保護されるべきかを私たちに教えてくれる。しかしながら、良さに関する功利主義的考え方と同様、こうしたきわめて重要な諸利益が過度に抽象的になるのは避けがたい。義務論の諸理論は、人間の一定の諸利益を確固としたものと見なす。そのため直観に反する分配パターンに抵抗することもできるのだが、反面、自説のはらむ非決定性という難題に直面することにもなる。

核廃棄物管理の事例に見るとおり、政策にかかわる行為諸主体は、維持し保護されるべき価値と利益をどのように定義するかをめぐる激しい論争の渦中に立たされる。シーボーン委員会の公聴会のあいだ、環境団体や宗教団体の人々は、自然のもつ至高の価値や人間以外の動物や生態系の権利を口にした。自然環境に関するこうした見解は、主導的推進派の人々が採用している自然に関する道具的な見方とは根本的に食い違っていた。

先住民の代表者は、また別の観点をもっていた。先住民の人々は、自分たちの基本的な諸利害は伝統的な精神的、文化的価値にもとづいており、かなりの程度土地との結びつきによって規定されるとたびたび主張し、その利害がカナダの核廃棄物管理に関する主だった政策声明ではあまり保護されていないことにとくに言及した。マシュー・クーン・コム大酋長は、下院の委員会に対して、「持続可能性、環境保護、カナダ政府と先住民のあいだの協定とそれに関する権利は政府が核燃料廃棄物の管理において決定をなすときの最重要事項として考慮されねばならない」[*72]と言明している。これを正面から受け止めれば、廃棄物管理システムの影響評価に対して、先住民自身が定義する意味での、彼らの精神的文化的な利益を組み込んだ独特の考え方が生まれていたことだろう。こうした考え方は、社会、文化、人間の健康、自然環境への全体的影響に注目した「全体論的で、環境上健全で、持続可能な」とり組みになっていたであろう。

世代間の見方の相違についても、とくに放射能減衰にからんだ時間尺度を前提にすると、同じようなことが予期される。今から五〇〇年後、一〇〇〇年後、五〇〇〇年後の世代がきわめて重要な諸利益と見なすものは、私たちがそう見なすものとは根本的に異なっているだろう。そうした長期の時間の経過を通じて（遺伝的変化は言うに及ばず）社会的、文化的、道徳的な変化が生じるのは避けられず、そこからあまりに大きな不確実性が生じる。この不確実性が意味するのはつぎのことである。私たちの公共政策によって影響を受ける人々のきわめて重要な諸利益を精確に知ることは、私たちには決してできない。無論、保護することなどできはしない。これまで見てきた現代義務論の諸理論は、きわめて重要な諸利益をめぐる対立を解決する手段も、それを守る方法も、正統性と決定力を備えているような仕方では与えてはくれないのだ。

現代義務論の非決定性（３）　正統性付与

あらためて述べておくと、ロールズは、正統性付与装置として原初状態をもち出す。問題は、バリーが指摘しているとおり、原初状態は一人の個人がおこなう思考実験だという点にある。[*73] バリーの応答は、すでに触れたとおり、スキャンロン流の合意である。ロールズとは違ってバリーは、こうした理想的な熟慮の状況を公共的意思決定の現実の議論の場のなかに実現することを狙っている。しかしながらバリーは、こうしたアイデアになんら実質的肉づけをしていない。バリーが提示する正当化の仕組みは、仮説的なものにとどまるかぎり、モノローグ的な思考実験以上のものではないだろうし、ロールズの原初状態より役に立つというわけではない。それゆえ義務論者に対するつぎの問いはまだ答えられていない。政策立案者は、現在および将来世代の両方の観点から正統であることを保証しながら、どうやって政策の倫理的内容を決定するのか。

熟議民主主義

対話という理念

多くの政治理論家が、統制的な理念として、熟議民主主義や審議民主主義[*74]の長所を称賛する。彼らが論ずるところによると、熟議民主主義は社会正義と環境正義、そして私たちによる公共的決定の民主主義的な正統性を〔実現する〕ための必要条件をもっとも明確に表現している。[*75] 熟議民主主義や審議民主主義の理論家や実践家たちは、政策によって拘束されたり影響を受けるであろうすべての参加者（あるいはそうした人々の妥当な代表者[*76]）による、しかるべき情報にもとづく強制をともなわない対話という理想は、正義と正統性についての適切な優れた基準であると考えている。彼らは、この対話によって至った合意は、影響を受けるであろうすべての人々の根源的な価値や利益を守る可能性がより高く、それゆえに正当なものである可能性がより高いと述べる。[*77] さらに、そのような合意は、影響を受けるであろうすべての人々が道理にもとづいて受容できることをよりはっきりと示しており、それゆえに正統なものである可能性がより高いと主張するのだ。この〔熟議民主主義の〕理念できわめて重要な要素は、正当とするに足る合意は対話に由来するということである。そのような対話では、〔決定の〕結果によって影響を受ける可能性があるすべての人々が、彼らの経験や専門知識を自由に利用して、互いに自らの視点を交換し、最終的には決定力を行使する。熟議民主主義の本質とは、人々を拘束し影響を与えるような公共政策や諸制度に関して、その実質的な諸条件を人々が自由に決定することなのだ。

熟議民主主義の理念は、一つの包摂的な対話の過程である。それは相互理解と、しかるべき情報にもとづく合意とを促進する。その対話の過程への参加者は、強制や操作そして取引や賄賂からは無縁なのだ。そして、自分たちの本当の意見を自由に表明することができるので、ただ「より良質な言論という暴力なき力が功を奏する」[*78] だけなのである。この理念によれば、熟議の手続き、すなわち考えを示すこと、質問することや疑問に応答することなどに関して、各々の参加者は平等でなければならない。[*79] さらに各人は、情報にもとづいた効果的な公衆による熟議に必要とされる、認識を深めるための情報源に平等に接近できなければならない。[*80] そして最後に、熟議民主主義の理論家たちが意見の一致の傾向を示しているように、各参加者はより実質的な条件において平等でなければならない。物質的な平等がなければ、参加者は手続き的にも認識能力という点でも平等にはなりそうもないし、そしてまた人々の対話的な意見交換においても自由になれそうもないのである。[*81]

理性の形式（1） 基本的正義

対話への参加者が採用するべき理性の種類をめぐっては、多くの論争が存在する。たとえば、ロールズ派の公共的理性に依拠するような熟議民主主義の考え方を批判してきた人々もいる。[*82] ロールズが着想したように、公共的理性は基礎的な正義の文脈において適用されるもので、〔公共的理性は〕人々の文化的、宗教的な違いにもかかわらず、立憲民主主義におけるすべての市民の道徳上の自由と平等を承認することを示している。[*83] ロールズの公共的理性とは相互尊重性の一類型なのだ。そして相互尊重性が必要とするのは、熟議の参加者たちが公正な社会的協働に関するもっとも道理に適った諸条件と考えるものを提示するとき、彼らは多元的な自由民主主義を担う自由で平等な市民として、他者にとってもそれらを受け入れることが道理に適っているかをも考えなければならない、ということである。理性をもった市民は、つぎのことを市民の多様性をふまえて理解し受容するのだ。すなわち、自分たちが自分たちの信念体系にのっとって生きる権利を有することは、すべての市民の基本的な権利と自由を平等に保証するような正義に関する公共的な考え方によって限定されているのである。この文脈では、民主主義的な市民は公共的理性——自分たちの信念体系とは無関係に形成された理性——を発揮すべきである。ロールズの言葉によると、これら〔公共的理性〕は「今や一般に市民に広く受け入れられている、あるいは利用できる明白な真実」であり、「現在のところ受け入れられている一般的な信念」であり、「常識のなかに見出される立論のやり方」であり、そして「論争の的とはなっていない場合の科学の方法と結論」[*84]なのである。ロールズの公共的理性と道理性の所期の目的は、正当化という目標に貢献するような意見の一致なのである。だが、その代償は何であろうか。

その代価は排除なのかもしれない。というのは、熟議の参加者たちが公共的理性と道理性について、異なった、そして時に競合する考え方をもっているかもしれないからである。[*85] 強固なロールズ派であれば、熟議の参加者に、自分たちの信念体系だけではなく、自分たちの公共的理性と道理性の考え方をも放棄させることを要求するであろう。そのようなことは、「明白な真実」や「一般的に受容されている価値」「常識」そして「論争の的となっていない科学的な結論」によって定義される公共的理性と道理性に彼らの考え方が合致しない場合には、起こりうるのである。彼らの考え方が合致しないかぎり、彼らは正義の基本原理に関する集合的な決定の形成に関与することから排除されるだろう。

理性の形式（2）　信頼できる審議の方法

エイミー・ガットマンとデニス・トンプソンは、より拡張した公共的理性と相互尊重性のかたちを採用している。[*86] 彼らによる相互尊重性の解釈は、基本的正義の領域に限定しないことで、ロールズ派の公共的理性からは脱却している。それどころか政策決定を特徴づけるようなすべての論争的な道徳上の問題は、公衆による熟議に対して開かれているのだ。さらに、この着想は信念体系から撤退するということではなく、信念体系に関与しようとすること、そして信念体系の内側から受け入れ可能な理由を考えだすことなのである。慢性化した道徳上の不一致を考慮して、ガットマンとトンプソンは一般的に受容可能な諸理由を探求しているが、それは暫定的に正当化された合意――すなわち熟議によって再検討されうるもの――に向けて、一つの基盤を提供するような理由である。ロールズ派の公共的理性から距離をとる一方で、それでもなおガットマンとトンプソンは、〔熟議の〕参加者は「相対的に信頼できる審議の方法」に矛盾しない主張をすることが必要だとしている。ガットマンとトンプソンの記述によると、「主張は完全に立証可能である必要はないが、利用可能な諸方法のうちもっとも信頼のおけるものによって証明された主張と衝突してはならない」[*87]。このように彼らは、主流の審議の様式〔相対的に信頼できる審議の方法〕に対してより批判的な視点を排除する可能性がある、ある種の規範にしがみついてしまう傾向を示している。

理性の形式（3）　理解と調和

ロールズ派の公共的理性が排他的なものとなってしまう可能性に関して、アイリス・マリオン・ヤング、シモーネ・チャンバーズ、ジョン・ドライゼクといった審議理論家たちは、集合的決定を支えるべき類の立論について、さらに広がりのある解釈を提示している。[*88] 審議理論家たちの視点によれば、排除されるべきなのは、道徳的真理についての異なる考え方でも、確立した科学的な方法と結論による裏づけを欠く主張でもない。それらの規範や主張を排除することは、非世俗的な信念を信奉する人や立論と知識についての実証主義的考え方の優越性に挑戦する多くの人々を排除することにつながるであろう。それは、さまざまなかたちでの差別と不正を永続させるという帰結をもたらしうるのである。審議理論家たちにとって、排除すべきことは、「操作、教化、プロパガンダ、偽装、たんなる自己利益の表明、脅し、イデオロギー的画一性の強要を企てること」といった討論を否定するコミュニケーションの形態なのだ。[*89] 審議理論家たちの視点で何よりも優先される規準は、「コミュニケーションが非強制的な方法で、選好についての熟考を促すこと」であり、また「熟慮したうえでの選好が集合的な結果に影響を与えること」である。[*90] 審議理論家たちは、多様性のあるコミュニケーションの形態は、それが「コミュニケーション的合理性」の基準に一致するかぎり、認められなければならないと論じている。その「コミュニケーション的合理性」の基準は、自由で平等な人々のあいだでの相互理解と合意を志向した、包摂的で、しかるべき情報にもとづき、強制的でない対話的な意見交換に組み込まれているのだ。[*91]

強制的でない対話を標榜する時に言外に含まれていることは、ガットマンとトンプソンの熟議民主主義で見たのと同じような、相互尊重性や尊重と調和の感覚である。戦略的な取引あるいは純粋に自己の利益にもとづいた意見交換に対置されるものとしての、強制的でない熟議に参与することは、熟議している人々の視点を真に理解しようとし、そうした人々との合意に達することを欲するということなのである。すべての熟議参加者たちは互いを理解しようとするべきであるし、またすべての参加者にとって一般的に受容可能な条件に即して同意を模索しなければならない。審議理論家も熟議理論家も、文化、民族、ジェンダー、そして階級にかかわる相違が相互尊重性の実現を困難なものにする可能性を認識し、さらに影響を受けるかもしれない人々を包摂することを保証する手段について考えを進めている。しかしながら、審議の視点から見ると私たちは、包摂という至上命令をより注意深く定義している構図を目にするのである。その構図が明らかにしているのは、熟議のルールにおいて「反則」とされるのは、非常識なあるいは非科学的なかたちの立論ではなく、むしろ熟考や説得、そして暫定的に正当化された合意といった諸目的を阻むような強制的な力なのだ、ということである。

意見の一致は必要か?

理性の形式に関する討論に加えて、熟議民主主義に不可欠な合意の種類に関する討論も存在する。ジョシュア・コーエン、ユルゲン・ハーバーマス、そしてジョン・ロールズは、熟議民主主義あるいは審議民主主義に対する貢献において、意見の一致の重要性を強調している――その強調が数多くの理論家や実践家を困惑させてきたのであるが。[*92]〔それに対して〕批判的な論者たちは、意見の一致に達することは、すべての熟議参加者たちが基本的には同じ理由で決定を支持することを要求している点を指摘している。すべての熟議参加者たちがあらゆる理由を受け入れるだけではなく、同じやり方で受け入れる必要があるのだ。バラデスが言うように、すべての熟議参加者たちは「それらの理由が意味があることを可能にするような、基本的な認識上の信念と道徳的な確信」を共有しなければならない。[*93] 意見の一致というのは、ある意味で、それに関係する人々がもつ核心的な信念の構造により深く根拠づけられている合意の一つの上位形態なのだ。意見の一致は、社会や政府にとっては歓迎されるものであるかもしれない。というのは、意見の一致によって支持されている政策決定は正当かつ正統であるという強い保証をもたらすからである。だが、意見の一致はまた、人々が信念体系の多様性を支持し、多様な立論の様式を守っているような多元的社会ではとくに、〔有益なだけではなく〕問題でもありうる。多元的社会の成員は、「意見の一致」に従うことやそれを支持することにある種の圧力を感じるかもしれないのだ。

それゆえに多くの理論家にとって、意見の一致とは熟議民主主義あるいは審議民主主義の理念にとって根源的なものではないということになる。たとえば、ガットマンとトンプソンは意見の一致を望んではいるが、必要とはしていない。ガットマンとトンプソンが本質的要素としてとり上げているものは、とりわけ理にかなった絶え間ない不一致に照らして、熟議参加者たちが相互的な理由の提示を担うことであり、そうしたやりとりは暫定的に正当化された合意に達するまで、熟議参加者たちの相違を調和させ尊重するかたちでおこなわれるのである。[*94] このような調和、互いの尊重、そして継続的な熟議といった考え方は、バラデスの著作にも見られる。[*95] ところがバラデスは意見の一致という理想を、まったく手放しているのだ。ジェームス・ボーマンを引用しながらバラデスは、文化的に多元的な社会では、参加者が十分に熟議の結果に貢献したという経緯があり、参加者がその熟議の結果について意見が合わないときでさえ、その結果を順守することを望むような場合において、熟議の結果は成功となると論じている。重要なのは、参加者が結果を生みだした過程に、自由かつ平等に十分関与しているために、結果を受け入れたり、順守する意欲をもっているということである。参加者が政策を正当化させるような歩み寄りを促進する過程に関与することが重要なことなのである。これらの道徳的な歩み寄りは、キャス・サンスティインが「不完全に理論化された合意」と見なすものに似ている。[*96] 公共政策の多くの領域においては、ある特定の決定を生みだすのに足る理由づけにもとづいて合意に達することさえできれば、それが必要かつ望ましいことなのかもしれない。たとえば、熟議参加者たちは「あるルール――性別を根拠にした差別の禁止、絶滅危惧種の保護、労働者による組合の組織化を認めること――が、彼らがもつ信念の根幹にもとづいた合意をともなわなくとも、有意義であることには同意するかもしれない」のだ。[*97] さらに決定的に重要なことは、問題の解決は包摂的で、しかるべき情報にもとづいた、強制をともなわない熟議の過程を通して達成されるということである。

熟議理論の展開（1） 道徳上の地位

熟議理論の強みは、熟議理論が、現在と将来の人々の両方の道徳上の地位にとって説得力のある議論を含み込んでいることである。そうした議論はつぎのようになされる。ある公共的決定によって影響を受けたりそれに拘束されるすべての人々は、決定の公正さを要求することと決定の正統性をもたらすことにおいて非常に重要な役割を果たす。道徳上の理由から、すべての人が、自分たちを拘束したり影響を与えるような決定事項を策定し実施することに関して熟議する権利をもっているのだ。この道徳上の理由の根拠になっているのは、人々は道徳的に平等であり、自由に対する平等な要求を有するとはいえ、時に広範囲の影響に結びつくような拘束力をもった法律に対して人々は必ず従わざるをえない、との認識である。おそらくもっとも深刻な影響は環境に関するものであろう。というのは、私たちの自由と自律の諸条件は、根本的には依然として自然環境からの供給に依存し、私たちが生みだす廃棄物をとり込み、私たちが引き起こしたアンバランスを修復する自然環境の能力に依存しているからである。熟議の理念を強調する道徳的立論とは、決定事項の策定と実施において、拘束されたり影響受けたりするすべての人々による決定能力を保持することで、公共政策を正当化することなのだ。

さらに加えて、重要な政策争点において広く包摂的な熟議をするための実際上の理由も存在する。さまざまな主体が、政策領域において問われている価値や利害、必要性について当面の理解を有しており、そして特定の政策決定によって、それらの価値や利害、必要性がどれだけ侵害されたり、あるいは守られたりするだろうか、ということに関してそれぞれ当面の理解を抱いているが、ここで言う実際上の理由は、こうした当面の理解に由来しているのである。メリッサ・ウィリアムズが記すところによると、熟議の過程において「視点の多元性」が存在することは、「決定をより完璧なものにすることを可能にする」[*98]。そのような「視点の多元性」が存在すれば、意思決定者たちがより幅広く社会的、政治的な、また環境上のさまざまな可能性を把握すること、そして、私たちの決定によるより数多くの社会的、政治的、そして環境上の諸帰結を予見することが可能になる。たとえばシーボーン委員会の公聴会では、先住民や地域社会の代表者、および宗教団体や環境団体の人々が、核廃棄物管理の選択における安全性を確定する場面で、確率的なリスク評価の妥当性に関する討論を充実させたのだった。先住民の伝統的な知識や「七世代」を配慮する原則の教えによって、核廃棄物管理において問われている価値観や利害に関する評価はより徹底したものになった。さらに核廃棄物の受け入れ地域の住民は、核廃棄物管理施設に可能性として結びついている財政的、社会的負担についてのより充実した説明を提示したのである。熟議民主主義のとり組みは、先住民の人々や核の受け入れ地域の住民の視点だけではなく、その当該事例について身近に多様な経験を有し適切な専門性を備えた人々の視点をも政策過程に組み入れるという、道徳上のそして実践的な正当化の両方をもたらしたであろう。

核廃棄物管理の事例では、「専門家」には原子物理学、核技術、原子力工学はもちろんのこと、資源管理、〔環境〕保全そして生態学の分野出身の人も含まれている。さらに加えて、「専門家」には、核廃棄物管理に関する道徳的、社会的、そして政治的な諸分野を解明するために、人文科学、社会科学の専門家も含まれている。専門家の視点は、「非専門家」の視点よりも重きを置かれるべきだという考え方があるかもしれない。だが、それは見当外れである。私たちはカナダにおける核廃棄物管理を見てきたが、一般的に非専門家の見解として理解されたものには、より少ない知見しかないということではない。そうではなくて、彼らは異なる知識にもとづいているのだ。つまり彼らは人生経験、文化的実践、口述で伝承される知恵などの知識を有しているのである。さらに熟議という考え方は、一つの視点と他の視点とを無反省的に比較考量することではなく、諸視点に反対したり賛同したりする理由を考慮し、このような思考法にもとづいて同意を探求することである。

専門家的な視点は誤りを犯しがちであるし、とくに専門家的な視点が公共的に拘束力をもった決定の根拠情報を与える場合には、他の知識の形態と同じ程度に公衆による精査と熟議を必要としているのだ。

熟議理論の展開（2）　将来世代への拡張

道徳上の地位についての熟議的な考え方は、功利主義や義務論の考え方よりも、より問題の少ない方法で、将来〔世代〕の人間に対して拡張適用される。確かに道徳上の地位を概念化する三つの方法〔功利主義・義務論・熟議民主主義〕はすべて、それらが道徳上の人格の諸特徴――その諸特徴を将来世代の人々に帰属させることは不可能でないにしても難しいもの――に、ある程度ではあるがもとづいている点において難問に直面している。しかし、功利主義と義務論の考え方は、これらの諸特徴から利害あるいは権利の一覧表を構築しようとする。それゆえに、その一覧表が込み入ったものであるかぎり、特定の政策の文脈に適用するときには解釈の必要がある。

道徳上の地位に関する〔功利主義と義務論〕の見解にともなう本質的な問題は、それらの見解が、特定の政策領域に即してそれらを解釈し適用することを正当化する方法を提示しないまま、価値観や利益、人間の権利に関する実質的な主張を内包していることだ。この問題は、将来世代にとって、遠い時代まで影響を及ぼすけれども、その帰結は不確実であるような政策の文脈において深刻になる。私たちは、これからの数百年以内の将来世代がもつかもしれない一連の価値観や利害やニーズを、根拠をもって予測することはできるかもしれないが、どうしてもそうした予測は不確定なままでありつづけるだろう。というのは私たちは、将来世代が公共的決定において、どのようにそれらを守ろうと思うのかについて正確に知ることができないからである。そのうえ、私たちの予測は、視界をより先の未来に向けるほどますます不確かなものになっていく。将来世代にとって何が大事かということ、また彼らに影響を与える政策に対してどのような原則をもち出そうとするのかということ、そしてどのような具体的なやり方でそれらの原則を解釈して適用しようとするのかということ、これらの不確実性が増すのである。私たちが健全だと見なす公共政策にとっての規範的基盤や、〔私たちにとっては〕正当ならびに正統な公共政策が、将来世代からは同じように捉えてもらえないかもしれない。道徳上の地位についての熟議民主主義の考え方は、義務論や功利主義を越えるひとつの改善なのである。その理由は、熟議民主主義は、現在世代と将来世代の人々の諸権利を、彼らを拘束したり彼らに影響を与える決定を生みだすに際して熟議し民主主義的に参加するという権利に限定していることによってである。その他一切の権利は、現在あるいは将来の熟議民主主義的な制度や決定過程に参加する人々の正当化されうる決定にゆだねられるのである。

熟議理論の展開（3）　熟議過程の長期的維持管理

もちろん、熟議民主主義は良さに関する考え方を包含している。しかし、ここでも、熟議民主主義は良さについての実質的な主張をつぎのようなものに限定している。それは、決定によって影響を受けるかもしれない人々の行為能力を保証するために必要な、意思決定の制度や決定過程に直接的に関係することである。熟議民主主義の良さに対する考え方は、公共的制度や公共政策にとっての必要な制約条件という文脈のなかで、道徳的に自由で平等な人々という自律した存在に関する普遍的で基本的な利害関心として理解できよう。熟議民主主義の良さに対する考え方は、互いに正当と認められる合意に向かっていくような包摂的で、しかるべき情報にもとづいた、そして十分に根拠づけられた熟議の過程に即して、これらの基本的利害関心を表明する。現在の人々において、また将来世代の人々において、互いに正当と認めうる合意形成という目標に向かって、熟議の理念は、将来世代の人々が自らを拘束するような政策に関して熟議するという選択肢をもつことができるようにするために、一連の過程を長期的に維持管理することを含意する。私たちの政策が未来に影響を及ぼす場合には、将来世代の成員が、彼らが存在するようになったとき、過去に作られたものではあるけれども、その時代においては彼らを拘束し、彼らに影響を与えるような政策について熟議し、もし必要なら、改定することができるようにするためにも、これらの過程は維持されなければならないだろう。

理念的には、このような将来世代のおこなう議論の参加者は、熟議民主主義を担うような制度と過程において手続き的平等の維持以上のものが保証されるであろう。将来世代の参加者は一定の認識上の平等、すなわち適切なバランスのとれた包括的な情報を入手する平等な権利を有するであろう。彼らはまた、社会的および物質的な平等を有するであろう。すなわち生活必需品やきれいな水、新鮮な空気、十分な生物多様性、耕作可能な土地、信頼性のある電力源などといったものについて、彼ら同士のあいだだけではなく私たちと〔彼ら〕のあいだにおいても〔平等に〕、こうしたものをもつであろう。したがって、この理念は、環境上の持続可能性のための一定の必須の要請を意味している。環境上の持続可能性とはすなわち、将来世代の基本的なニーズを満たすのに弊害をもたらさない方法によって自然環境を利用し管理することである。[*99] また同じくこの理念は、多様な生命の諸形態が進化を続けるのに必要な生態系や生態圏を維持するという意味での保全のための必須の要請をも含意している。[*100]

私たちは、功利主義や義務論の理論家が、時代の経過を越えて維持されるべき福祉資源や決定的に重大な諸利益を明確化したのを見てきた。何人かの福祉功利主義者は、社会的、経済的、そして環境資源に関する持続可能性について説得力のある議論を展開している。何人かの現代義務論者は、将来世代が私たちと同じ権利と機会をもつように、一定の社会的、経済的、そして環境に関する条件を維持することを訴えている。このような義務論者と同様に、熟議理論家は、究極には人間の道徳的平等に根拠づけられる諸権利と諸機会について、一定の一覧表を組み入れている。しかしながら、熟議理論家の一定の諸権利に対する議論は、将来世代の人々が獲得するかもしれないし、獲得しないかもしれないような道徳上の人格に関する抽象的な側面に基礎づけられているのではない。熟議理論家は一定の諸権利を組み入れるが、彼らがそうするのは、彼らの民主主義の構想が、人々の手続き的、認識的、実質的平等に対する権利要求が侵害されないように、それらを保護することを要求するからである。熟議の理論は、集合的に拘束力のある法に関して公衆による熟議をおこなうために必要な制度や過程を維持する正当性を提供する。そして、そのような法は、道徳上の平等、自由、自律性を備えた生活に必要な諸条件に確かに貢献するものなのだ。

私たちの政策決定とこれらの条件との関係を前提とするならば、熟議の理念は決定の内容とそれがもちうる影響について注意深く配慮することを勧告する。私たちの政策決定の内容、とくに深刻な社会的、環境的リスクに関連するようなものは、人間の自由や自律に必要な基本的諸条件に対して否応なく影響を与えるような諸要因を生みだすであろう。たとえば時代の経過を越えて、地下水の腐食作用の影響を受けるような、またそれゆえに放射能が環境に漏れだすような格納資材を用いた核廃棄物管理施設を建設することは、来るべき世代にとって、人間の生命、社会、文化への広範囲の危険性を生みだすことになりうるだろう。このような危険性は、とりわけ癌に関連した病気にかかる人数を増加させるがゆえに、公的な医療制度、社会福祉サービス、そして福祉のための基本的な物質的条件に対する圧力を高めることになると思われる。さらに、そのような危険性が先住民の土地に影響を与える場合、それらは現在と未来の先住民の人々にとっての生活様式と伝統的な知識の源泉を脅かすであろう。したがって熟議の理念は、ある種の公共的な観点からの立論をよび起こすのである。そのような立論とは、現在世代と将来世代の道徳的平等と自由、自律のための諸条件を維持していくことに関する彼らの根源的な諸利害を承認し、長期間にわたってこれらの条件を維持するということについて、その根拠の受容可能性を明示するものなのだ。

世代を越えた対話とは？

世代を越えた文脈における公共的な観点からの立論は、現代人のあいだに存在するこの種の立論とは異なる形態をとる。というのは、理由についての相互的な意見交換は現在と将来の人々のあいだでは不可能だからである。ガットマンとトンプソンによると、この文脈での相互尊重性に関与するのは、将来の人々にとって何が正当であろうという問いを自分自身に問いかけるような現代人である。[*101] より正確に言えば、相互性に関与するのは、現代人のなかでも自らの道徳上の考慮範囲を将来世代にまで拡充するような人々である、と私は考えている。そのような人々は、将来世代が熟議をおこなう基本的条件を保持するという条件、すなわち将来世代が受け入れるであろう条件にもとづいて、将来世代に対して彼らの意思決定を正当化する。現代人は、このような条件のもとで自分たちの決定による影響がいかなるものかを予測するべく、真剣に、十分な調査にもとづいてとり組まなければならない。現代人は、自分たちの活動と技術による影響を包括的に明らかにして予測するために、たとえば自然科学、社会科学、工学、そして人文科学といった一定範囲の認識上の手がかりに頼らなければならないだろう。しかし、この文脈における相互性に関する経験的な要件への注目は、いくつかのたいへん難しい問題を浮かび上がらせる。たとえば核廃棄物管理などの政策に関係するような、非常に長期にわたる時間枠を前提とすると、たいていの場合、私たちは自分たちの予測を検証したり妥当性を確かめたりすることはできない。さらに、こうした時間枠を仮定すると、リスク評価は多くの場合、不確実性に満ちたものであるため、私たちはリスク評価の結果に対して確信を得ることができない。それゆえに、考えられる未来のシナリオを詳細に描くことや、起こりうる出来事を認識することにどれほど真剣に専念したとしても、私たちは未来の社会的、環境的な状態に深刻な被害を引き起こすような決定を、それと知らずにおこなってしまうことがまさにありうることなのである。予測や予見するための私たちの方法がもつ限界に照らして、将来世代にとっての熟議民主主義の基本的な必要要件に向き合って、より予防的であるために、私たちの意思決定を支える論議の進め方を修正する倫理的な責任がある。

熟議理論の展開（4） 予防措置の要請

このようにして世代を越えた文脈では、熟議の理念は私たちによる公共的な議論の展開において予防措置を講じることを必要とさせるだろう。それは、将来世代の人々に影響を与えるような政策に関して、彼らがしかるべき情報にもとづき強制のない対話にとり組むために必要とされる条件に対して、深刻で有害な影響を与えることを回避したり最小化するためである。私たちは、自分たちの決定によるであろう帰結のすべてを知ることはできない一方で、ある種の決定が深刻で不可逆的な社会的、環境的な危険を、先鋭なかたちで、累積的に、あるいは確率論的に引き起こすことはよくわかっているし、そのような決定を控えることで、私たちはそれによる危険を避けることができることも十分に承知している。私たちは、たとえば先住民の埋葬地を破壊することは、先住民の人々に対する不正義を永続化することであると理解しているし、さらには広範囲の森林伐採は地球規模の温暖化や環境的、経済的、社会的、そして政治的不安定さを増幅させることを知っている。私たちは、原子力発電が生みだす物質は、高い放射性が残っていて当面の健康と今後、数世紀にわたって環境的なリスクをも生みだすようなものであることも知っている。たとえ原因と結果に関する確固たる科学的な証明がないとしても、深刻で影響範囲の広い危険を引き起こす可能性のゆえに、ある特定の活動や技術を控えることは考慮されるべきだと思われる。もし私たちが将来世代の決定能力を維持することに注意を払うのであれば、また、もし私たちが私たちの決定のいくつかが将来世代の決定能力に対して弊害になるのであれば、私たちはそうした〔負の〕帰結をとり除く方向を目指して、予防措置を講じるべきであろう。この視点から見ると、予防措置は、現在世代にも将来世代にも深刻なリスクをともなう政策決定において、理想的な民主主義的決定過程の備えるべき根源的な構成要素である。だが、予防措置が政策決定において必要とするものは、より具体的には何であろうか。

一九七〇年代、政治状況のなかでの「安全第一」や「用心せよ」という呼びかけが、リスク評価とリスク費用便益分析の手法における予測能力の欠陥に対する応答として現われた。*102 それ以来、いわゆる予防原則が非常に多くの国際的な合意に組み込まれてきた。そのような合意には、「オゾン層を破壊する物質に関するモントリオール議定書」（一九八七）、「環境と開発に関するリオ宣言」（一九九二）、欧州連合条約〔マーストリヒト条約〕（一九九二）、「バイオセーフティに関するカルタヘナ議定書」（二〇〇〇）、「残留性有機汚染物質に関するストックホルム条約」（二〇〇一）が含まれる。そのなかでももっとも重要な表現が、拘束力のないリオ宣言に見られる。その宣言とは、

環境を保護するため、予防的方策は、各国により、その能力に応じて広く適用されなければならない。深刻なあるいは不可逆的な被害のおそれがある場合には、完全な科学的確実性が欠如しているということが、環境悪化を防止するための費用対効果の大きい諸対策を

延期する理由として使われてはならない。[*103]

よりはっきりと論争をともなうかたちで明確に表現するならば、〔因果関係についての〕挙証責任を、深刻なリスクをともなうかもしれない一定の活動や技術に反対する人々から、それらの支持者へと移すことが必要であるということである。[*104] 政策策定者は、挙証責任をある活動や技術の安全性に異議を申し立てる人々から、それらを推進する人に移さなければならない。歴史的に見て公衆をなす人々が、特定の活動や技術が危険であることを証明するという挙証責任を担ってきた。その一方で、その活動や技術を担っている人々は、自身や監督機関、あるいは双方が実施するリスク評価にもとづけばそれらの提案が安全であるということによって、「疑わしきは罰せず」が認められてきたのである。ティム・オリオーダン、ジェイムス・キャメロンとアンドリュー・ジョーダンによると、かつて、〔活動や技術の〕支持者がやらなければいけなかったことは、「特定の行為の経過から発生するようなとんでもない被害がなさそうであるということを示す」[*105]だけだったのだ。起こりうる帰結が人間の福祉や自然環境の一体性に対して深刻で有害であるような一連の行為にはさまざまなものがあるが、それらが被害を引き起こす可能性が高く、起こりうる危険性が重大なものであることが科学的に確立され受け入れ不可能なリスクと見なされるまでは、それらは受け入れ可能なものと見なされてきた。たとえば大気や水質の汚染を引き起こすような開発であっても、調査研究によって健康被害や社会的、環境的影響の因果関係が立証されるまでは許容されてきた。今日ですら、支配的な手法はリスクを管理することであって、必ずしもそれらを回避しようとすることでなく、危害に関する重大な証明がなされた後になって、ようやく〔リスクに〕介入するということなのである。

逆に言えば、ここで言う予防原則では、憂慮すべき社会的、環境的な被害を引き起こすかもしれない決定をする立場にいる人々が、それを避ける責任を負うと考える。したがって、〔活動や技術の〕支持者は、それにとりかかる前に、彼らのしようとする事業提案が深刻なあるいは不可逆的な損害を引き起こさないであろうということをはっきりと示さなければならない。事業提案というものは、受け入れ可能なリスク水準の点から見て安全なものでなければならず、その水準は類似した他の行為によるリスク水準にただたんに準拠するだけではなく、もっとも被害を受けやすい人々がしっかりと代表されているような一定範囲の利害関係者たちの意見や洞察をも包括するような研究を参照して確定されたものでなければならない。こうした予防についての理解は、〔活動や技術の〕支持者の側に責任ある調査研究を必要とさせるだけではなく、支持者とその事業提案によって直接的に影響を受ける人々とのあいだでの熟議を必要とさせるのである。

予防原則は、社会的、環境的なリスクを回避し、減少させるために可能なすべての手段について、民主主義的に考慮することを要求する。*106 もちろん企画提案された活動や技術を修正することとか、よりリスクの低い代案に賛成してそれを差し控えることとかは、可能な手段のなかに含まれる。提案された代案は、それが置き換わるものと同じように厳密に精査されなければならない。しかしながら、私たちは活動や技術の影響について確信をもてるわけではないので、私たちはできるかぎり多くの自然環境を損なわれないままにするために、一定の諸活動を差し控える覚悟をしなければいけないのだ。[107] ここではその考え方は、私たちができるかぎり多くの生物種や生態系を完全な状態で保存することである。このような原則は、自然環境の開発と搾取を含むすべての範囲の営みに関して、現世代に本格的な再考を促すのだ。

言うまでもないことだが、予防原則については多くの論争がある。予防原則は歪んだ意思決定につながると批判する人もいるし[108]、まったく意思決定ができないことになると述べる人もいる。[109] サンステインによると、予防原則の支持者は、多くの場合、被害が起きる可能性を無視して、かわりにその〔損害の〕重大性に焦点を合わせているという。予防原則の支持者は、より幅広くみた因果関係の仕組み、二律背反、そして対抗リスクをしばしば無視していると、彼は述べる。サンステインが指摘するところによると、予防原則に従うことは、同じ程度もしくはより大きな可能性と重大性を有する新しいリスクを引き起こすかもしれないというのだ。したがって彼は、どのような「普遍的に予防を志向する努力でも、それによってまったく措置をしないことも含めて、すべての考えられうる措置を差し止めることによって役に立たないものになるだろう」[110]と主張する。しかし重要なのは、サンステインの批判は予防原則それ自体よりも、予防原則に従うことに向けられているということである。サンスティンが焦点を合わせているのは、予防原則を無批判にすべての社会的、環境的なリスクの事例に利用することに対してなのだ。事実、サンスティンは、予防原則を低い確率だが大惨事になるもの、あるいは非常に深刻で不可逆的なリスクにかかわる事例に適用する場合に、そして二律背反と対抗リスクが慎重に検討され、重みづけされ、そしてバランスがとられている場合には、予防原則は「まったく反論できない*111」と述べている。

こうした論争にもかかわらず、この予防原則の本質的部分が倫理的に有益であることと、また現在世代と将来世代の双方の自由と自律のための諸条件に対する深刻なリスクに対して防護するのに役立つことについては、疑いの余地はない。公共的理性が、挙証責任の転換、別の選択肢を考慮すること、そして生態系を無傷にしておくことという諸原則によって満たされているならば、そのような公共的理性は現在世代と将来世代の人間に対する深刻なリスクを回避したり最小化することと、彼らの健康と社会と環境を保護することを模索するであろう。

意思決定過程の多元化

このような「予防」の理解の広がりは、リスク評価の多元化と民主化に向かう有力な潮流である。そのような影響評価——とりわけ長期的な影響評価——を特徴づける不確実性に照らして、予防的な観点からの公論の展開は、考えられうる未来の諸シナリオに関するもっとも包括的な影響評価を築くべく、私たちを意思決定過程における多元化へと導くだろう。この場合もまた、分析におけるいずれの段階にも不確実性が含み込まれているので、長期影響評価は、悪評を集めているように変わりやすいものである。このことはたんに最悪のシナリオを構築することと、モデル形成の問題へのとり組み方に関してもっと多くの視点があれば、それによってより適切な評価結果がもたらされるだろうということだけではない。むしろ、影響評価に関する熟議が、より包摂的で、情報提供にもとづき、非強制的であればあるほど、その結果はより適切なものになるのだ。「より適切な」とは、ある決定における知識がどの程度確固たる科学的専門性の総合にもとづいているのかということ、因果関係に関して共通の解釈があること、そして政策によって守られるべき重要な諸価値と諸利益、ニーズに関する共有された理解であること、これらによって定義される。方法論的な、また実質的な合意と不合意の領域を見つけるべく、また永続する不一致の理由を探求するべく、評価者が彼ら自身のあいだで熟議することができるように意思決定過程を多元化することは、可能なかぎり最善の決定を形成する手助けになるだろう。

さらに、こうした「予防」の理解は、深刻なリスクを回避したり減少させたりする正当な方法を探すために、意思決定過程の民主化を提唱することになるだろう。予防的な観点からの公論の展開に際しては、平均的な市民——もっとも傷つきやすい人々は言うまでもなく——が、自身に悪影響を及ぼすような政策決定がなされる過程において、概して発言力をもっていないということが認識されている。したがって、予防的な観点に立つ公共的理性は、幅広い範囲の諸主体を意思決定過程に組み込むことを模索するのだ。それは、それらの諸主体が、被害に関する具体的な考え方と被害を回避したり減少させたりする方法をはっきりと述べることができるようにするためである。彼らは、ある選択肢が受容不可能なリスクに結びついていると結論づけたとき、受容可能な選択肢が見つかるまで調査を継続して新たな展開を模索することができるであろう。

こうした「予防」の理解は、現在世代と将来世代の両方の行為能力を尊重していることの表明であり、彼らは自分たちに影響を与えたり自分たちを拘束するような政策が正義と正統性を備えているようにとの当然な要求を抱いているのである。この角度から見た「予防」は、私たちの決定は現在世代と将来世代の自由と自律のために、現在そして未来における人間の健康、社会、そして環境にとって深刻な損害を引き起こすことを避けるべきだ、という考え方を示す。「予防」は、現在世代にとって、社会的、環境的リスクを将来世代に負わせるのは不当で非正統的であるということを示唆しているのだ。なぜなら、それらのリスクが将来世代に被害を与えるものであるかもしれないということだけではなく、より具体的には、将来世代の人々が個人的または集合的な目標をどうやってもっとも良く実現するかに関して意思決定をする能力を、それらのリスクが制約するかもしれないからである。予防的な観点からの公論の展開は、現在と将来の両方の人間が自由で自律的であるためには、基礎的な社会的、環境的な条件を手に入れることが必要である、という認識にもとづくのだ。

予防的な観点からの公論の展開は、政策分析に関する功利主義的、義務論的な枠組みとかかわりがないこともない。しかし熟議的な枠組みは、予防的な観点からの立論に関連する二つの特徴の組み合わせによって区別される。第一に、予防的な観点からの立論は必然的に熟議的理念に暗黙に含まれているものである。もし、私たちが包摂を求める熟議的な主張を受け入れるのであれば、私たちは予防措置、持続可能性、そして〔環境〕保全といった主張を受け入れなければならない。将来世代が自分たちの政策を策定して実行することや将来世代の個人的そして集合的な自由と自律を実現することを当然のこととして可能にするような社会的、環境的な諸条件を、将来世代に受け渡す方法を探求しないのであれば、ほかにどうやって私たちは将来世代を政策の熟議に導くことができようか。第二に、予防的な観点からの立論は、熟議的な意思決定過程のなかで政策に関与する人々自身の手によって、正当なかたちで具体化される。別の言い方をすれば、予防的な観点からの立論の焦点と持続可能性と〔環境〕保全を求める意見の内容は、熟議民主主義的な過程のなかで正当なかたちで具体化される。〔予防的な観点からの〕立論は熟議民主主義の基本的な諸条件を維持することに対して適合していなければならない。しかし、こうした諸条件を維持するような的確な方法は、それ自身が熟議的な意見交換の結果であるべきなのだ。

カナダの核廃棄物管理の事例への適用

カナダの核廃棄物管理の事例における中心的な難問は、将来世代が置かれた状態、安全とリスクの理解、分配される負担についての考え方、包摂とエンパワメントの要求、そして説明責任と監視の詳細に集中している。こうした難問は、リスク、不確実性、そして将来の状況といった文脈において設定されている。ここで考察した功利主義理論も義務論も、いずれもこれらの難問に十分とり組むという課題に到達しているとはいえない。熟議の理論はもっとも有望である。というのは、熟議の理論は、私たちに（1）道徳上の人格や人々のまとまりにおける不確定な諸側面を確定してしまうことなしに、道徳上の地位についての一つの原理をもたらすからである。また、（2）個人および集合的な自由と自律として良さを理解するからである。このような自由と自律は包摂的でしかるべき情報にもとづき、強制的でない公衆による意思決定を実現し持続させるのに必要な社会的、環境的な条件を直接規定するものである。そして（3）公共政策を策定する人々とそれに拘束され影響を受ける人々とのあいだに直接の関係を確立するときに役に立つような、包摂、平等、相互尊重性、予防、そして暫定的に正当化された合意といった諸原理を提供してくれるからである。したがって、政策過程において、個人的、集合的な行為能力の力を維持しておくことを目指すことによって、これらの原理は正義にかない正統な公共政策の諸目標に貢献する。これらの熟議民主主義の特徴は現在世代にも将来世代にも及ぶのだ。

熟議民主主義は、所定の政策文脈に直接関連する規範的諸原則について、包摂的でしかるべき情報にもとづき強制的でないやり方で、諸主体が熟議できる枠組みを提供することによって、それ自身を功利主義や義務論と区別している。熟議原理の究極の目的は、人々が政策によって不当に拘束されたり、影響を受けることがないことを、たとえどの時代にその人々が存在していようとも保証することであり、そして〔影響を受ける〕人々が存在する場合には、人々が熟議過程において政策の修正にとり組むことができるように保証することである。この枠組みを、〔つぎの〕二つの段階で概念化することは有益かもしれない。第一段階では、政策策定者に、彼らの決定に対する初期の暫定的正当化を探求するための討論の場を提供し、そして第二段階では、将来世代の成員がその正当化を修正したり、再確認できるような基盤を用意するのである。第一段階では、参加者のあいだの暫定的に正当化された合意に向かうように議論を重ねることが促進され、すべての参加者が相互尊重的で予防的な視点による議論を展開する。このような意見交換によって、第二段階を実現することができる。第二段階には、自分たちの根源的な価値や利害、そしてニーズに背く働きをすることが判明した政策を修正するために、将来世代が再帰的な実践をすることが含まれている。〔熟議民主主義の〕批判者はおそらく、「その時に、では遅すぎる。被害はすでに生じてしまっているだろう」と論じるかもしれない。この枠組みの背後にある意図は、現在世代と将来世代に対する有害な影響を最小化すること、そして不可逆的な被害を回避することを保証することである。この意図が満たされるかどうかには、非常に多くの要素が絡まりあっているが、基本線となるのは、政策策定者がどの程度この枠組みを適用するかということと、〔熟議の〕参加者がどの程度この枠組みに従うのかということであろう。

熟議の理念は、一つの政策領域で問われる諸利益について正当と認められる決定を生みだす枠組み、そしてどうやって正当かつ正統にそれらの諸利益を守るのかということについての紛争を解決するような枠組みを支えるための諸原則を私たちにもたらす。さらに熟議の理念は、政策決定過程を評価する具体的な基準を提供する。リスク、不確実性、将来の状況と結びつく政策に関連して、熟議民主主義は、包摂、平等、相互尊重性、予防、そして暫定的に正当化された合意といった諸原則へと要約されるのだ。政策分析のための熟議の枠組みを採用することによって、私たちはこれらの諸原則を体系化するように促されるし、そうした諸原則に準拠してより厳密に政策サイクルにおいて決定し、また決定を評価することを模索するように促される。カナダではこのような枠組みが、核廃棄物管理を含め現代の公共政策の領域で確立されはじめている。つぎの章では、カナダの核廃棄物管理にこの種の枠組みを用いることに関して、その可能性と問題点について検討しよう。

6

熟議民主主義による政策分析の可能性と問題点

公共政策のさまざまな分野（たとえば都市環境計画、自然資源管理、エネルギー生産、保健医療）で、西側先進工業諸国政府は熟議民主主義の諸原則を実現しようとしてきた。*1 これらの努力はとくに産業の利益や科学の専門家によって歴史的に支配されてきた政策過程において顕著である。カナダの核廃棄物管理の事例で見たように、産業界と政府の陣営が政策決定を支配する傾向にあった。しかし、ごく最近になって、それまで決定過程から排除されていた人々が関与した、より熟議民主主義的な協議過程が廃棄物政策を形成するうえで重要な役割を果たしている。

先に示したように、この従来よりも民主主義的なとり組みは、環境、宗教、先住民の諸団体を代表する行為者たちからなる言論上の陣営によってもたらされた。この陣営は、深地層処分にむけたカナダ原子力公社の基本構想について、シーボーン委員会が環境影響評価をおこなっているあいだに形成されたものである。この陣営は、廃棄物管理政策を実施していくうえで必要な一定の制度上、財政上の改革に影響を与えることができ、続いて、その改革を活用することができた。一九九六年の政策枠組みの策定や二〇〇二年の核燃料廃棄物法に責任のある人々（おもにカナダ天然資源省の上級公務員や原子力企業の幹部たち）は、しだいに強力になっていったこの陣営の議論に抵抗することができたが、他方、政策の実施に責任のある人々（あらたに設置された核廃棄物管理機構の職員）はそうではなかった。［シーボーン委員会の］環境影響評価の過程で、後に職員として核廃棄物管理機構に勤めることになる人たちは民主主義を求める声に敏感になり、政策の安定性や有効性を考えると民主主義の要求にとり組むことが重要であると感じるようになっていた。新しい核廃棄物管理機構の制度的自立と財源に助けられ、実施機構の職員たちはこうした圧力に応えていくことになる。彼らは、安全で、環境的に健全で、公衆に受け入れられる廃棄物管理システムを特定し実施するという最終目標にむけて、熟議民主主義の諸原則によって支えられた国民的協議を開始した。

この最終章では、熟議民主主義の枠組みを現実の政策が実施される状況に適用する際の可能性と限界について理解を深めるため、この協議の過程をさらに厳密に検討する。具体的には、熟議民主主義の分析枠組みを、核廃棄物管理機構が実施した協議のなかでももっとも意義深い対話についての評価に適用する。筆者は、これらの対話が注目すべき設計であるにもかかわらず、なお不十分であると論じる。

対話の設計に不十分さはあったが、筆者の検討でえられた評価はつぎのことを示している。すなわち、熟議民主主義による意思決定過程は、とり組むべき根本的な問題を明らかにし、合意されることと合意されないことの範囲を明らかにし、紛争の正当な解決にむけての今後の見通しを浮かびあがらせることによって、政策の公正さと正統性に寄与できる。さらにこの評価で、言論上の陣営や諸制度よりも個々の行為者が相対的に重要であることが解明される。強力に熟議民主主義を支持する陣営が存在し、〔熟議民主主義に〕有利な制度状況があるとしても、政策過程で熟議民主主義を実現することは根本的には行為者たちの意思に左右される。双方の陣営の人々（とくに支配的な立場にある側）が熟議民主主義の諸原則を進んで支持しないならば、彼らはおそらくそれまでに確立してきた立場をたぶんそのまま維持するだろう。したがって、支配的な立場の人たちがこれらの原則を進んで支持しない場合には、彼らはおそらく既存の権力構造を永続させることになるだろう。熟議民主主義の政策過程を実現することは、一定の制度化された条件下で適切な資金提供がなされれば、望ましくまた可能であるが、その成功は結局のところ行為者たち、とくに主導的推進派の人々の意思によって制約される。

核廃棄物管理機構による国民協議過程の評価

先に見たように、二〇〇二年は核廃棄物管理政策の実現について驚くほど民主化がなされた年であった。その年の秋に、新たに設立された核廃棄物管理機構が国民協議の過程を開始した。この協議過程を受けてカナダ政府に対し核廃棄物管理計画について勧告がおこなわれた。二〇〇七年六月に、カナダ政府は適応性のある多段階型管理にむけた核廃棄物管理機構の勧告を公式に受け入れた。この方法は、本質的に敷地内貯蔵、集中貯蔵と深地層処分の混合物である。段階的な意思決定過程、継続的モニタリング、回収可能性を組み込むことによって、原理的に廃棄物管理システムの構築と実施に柔軟性を与えるものとなっている。

協議は二〇組以上の対話からなり、そのほとんどが公衆との協議と市民参加を専門とする独立した〔コンサルタント〕会社あるいは団体によって実施された。これらの対話は、無作為に選ばれたカナダ国民、さまざまな核廃棄物管理分野の専門家、核廃棄物政策について明確な利害関心を表明した個人、組織、先住民族といったそれぞれの行為者が抱く価値観、利害関心、諸原則をとり入れることを狙いとしていた。[*2] 三年間の協議過程が反復される四段階で設計され、その各段階において、核廃棄物管理機構は鍵になる一つの決定事項に対話の焦点を絞った。この過程は、公共政策の意思決定において熟議民主主義の諸原則を実現するためにカナダでなされたもっとも真剣なとり組みであったといえるだろう。

しかし、どのような意味で真剣だったのだろうか。前章で概要を述べた理論枠組みを参照して国民協議のなかでももっとも重要な対話を評価すれば、この政策領域における熟議民主主義の成功と失敗についていっそう明確な理解をえることができる。くり返すと、この理論枠組みの主要な構成要素は包摂、平等、相互尊重性、予防、合意である。

包摂

核廃棄物管理機構は、核廃棄物政策ではすべての市民が利害関係者であるとしても、すべての市民が政策の策定と実施に参加できるわけでも、参加を望むわけでもないとの認識をもって国民協議を開始した。[*3] 非常に広範囲の市民を包摂しようとして、核廃棄物管理機構はさまざまな対話からなる協議過程を立案した。

たとえば、カナダ政策研究ネットワーク（CPRN）に、統計的にカナダの全成人を代表するサンプルを対象にして一連の意見交換を促進するよう依頼した。[*4] こうした対話は国中で実施され、合計四六二人を集めて、より広範な成人人口の見解とおおよそ一致した原子力エネルギーについての見解をまとめあげた。加えて核廃棄物管理機構は、特定の利害関心事を議論するために円卓会議を設置した。同機構は、カナダ開発計画分析研究所（DPRA Canada）に、カナダの長期核廃棄物管理に利害関心をもつとの公的記録がある多様な諸個人や諸組織と対話をおこなうよう委託した。[*5] 参加者たちがこの領域で問題となっている多くの利害関心を反映するように、核廃棄物管理機構は具体的な区分（すなわち地方・自治体、教育・学術研究、文化・信仰、産業・経済、職業団体、労働、消費者、環境、健康、青年、非常時への備え）に即して参加者を確定していった。一年後、ハーディ・スティーブンソン社が再びこれらの区分から多くの利害関係者を招集した。[*6] 同じ利害関係者を含めることができなかった場合には、開発計画分析研究所が開発したおおむね当該集団を反映することを保証するような基準を用いた。二〇〇五年の夏に、［コンサルタント会社の］ストラトスがこの基準を利害関係者の対話を組織するために再び採用した。[*7]

また核廃棄物管理機構は、異なる認識上の観点から十分に根拠づけられた考察を引きだすべく数多くの円卓会議を開催した。二〇〇三年九月には、倫理、道徳、公共生活の分野の多様な職業的、学術的背景をもつ人々を含む倫理円卓会議を設けた。[*8] この円卓会議には、哲学、医学、商業、政治学の学問分野における研究者だけでなく、先住民の伝統的知見とキリスト教の教義についての知識をもつ著名な人々が含まれていた。核廃棄物管理機構はさらに、核廃棄物管理の技術専門家とのワークショップ[*9]、実業界、産業界、NGO、公共部門からの専門家とのワークショップ[*10]、そして、研究者、先住民、環境保護主義者、原子力施設労働者、宗教団体の成員とのワークショップを委託した。[*11]

核廃棄物管理機構は先住民の団体とも協力している。カナダ天然資源省は、〔国民に対する〕受託者責任（fiduciary responsibility）に則り、核廃棄物管理に関連する諸問題について対話を実施するため、全国的な先住民の諸団体と協定を結んだ。当時、核廃棄物管理機構は、先住民族会議、先住民族議会（CAP）、イヌイット・タピリット・カナタミ（ITK）、メティス国民協議会、カナダ先住民女性協会（NWAC）、ポクトゥイット・イヌイット女性協会と提携協定を結んでいる。これらの対話の目的には、先住民の人々が核廃棄物管理政策に参加するための能力を向上させることと、全国的な先住民の団体と核廃棄物管理機構のあいだにさらに効果的な協働関係を樹立することがあげられていた。[*12] また、対話の目的には、核廃棄物管理機構がおこなう技術的選択肢の研究について先住民がどのようなものの見方をするのかについてさらに理解を深め、核廃棄物管理機構の出す勧告の発展に先住民の観点が確実に寄与するようにすることも含まれていた。[13]

招待された参加者間でなされる対話とは別に、核廃棄物管理機構は、カナダ開発計画分析研究所にカナダ各地で説明会と討論会を計画するよう依頼した。[14] 核廃棄物管理機構は、こうした会合を一〇〇回以上開催し、カナダ全土の三四カ所でおよそ九〇〇〇人の参加者を巻き込んでいった。地域住民の参加を促すために、核廃棄物管理機構は地方紙と地方ラジオ局でこれらの会合を広報した。核廃棄物管理機構はさらに、市町村長はもちろん地域社会を代表する地方公務員、地方議会議員、カナダ連邦下院議員にも接触した。それぞれの会合に続いて、進行役が関与する討議がおこなわれ、参加者たちは自分たちの見解を表明することができた。これらの説明会は主として教育的な機能を果たし、一般市民に核廃棄物管理機構の業務について学ぶ機会を提供した。また同様に公衆を教育する機能をおもに果たしたのが、核廃棄物管理機構が委嘱した電子媒体による対話であった。[15] ロイヤルロード大学のアン・デールが進行役を担当した対話はインターネットを利用して四回実施された。電子対話には核廃棄物管理の専門家、カナダ全国の青年グループ、一般公衆を構成する人々との対話が含まれていた。

全体として協議過程は核廃棄物管理政策にかかわるさまざまな行為者たち、利害関心、見解を包摂したと多数の参加者とオブザーバーが信じていたが、[16] 本来あるべきであったほどには包摂していないと感じた人々もいた。たとえば、ある原子力産業の広報担当者は、多くの対話が招待によるものだったため一部の個人や組織が除外されたと感じた。[*17] NGO[*18]および独立した立場のオブザーバーがこの見解をくり返した。[*19]

おそらく、包摂にかかわるもっとも深刻な問題は、協議過程が焦点をあてた主題の狭さである。カナダ合同教会を代表してこの政策分野に長い間かかわってきたマリー・ルー・ハーレーは、異なる廃棄物管理の選択肢がそれぞれ原子力エネルギーの将来に与える影響という主題が排除されていたと記している。それらは「さまざまな参加者たちが、さまざまな場面でくり返しもち出した話題であるという事実にもかかわらず」除外されていた。[*20] それぞれの選択肢が原子力エネルギーを促進するのかあるいは段階的な廃止の一因となるのかという問題にかかわる論題は、その重要性にもかかわらず除外されたのである。これは核廃棄物管理機構の協議過程に参加した人たち、そして協議過程について論評した人たちがともに一貫してとり上げた関心事であったのだが。[*21]

平等

核廃棄物管理機構の協議過程を準備した人たちは、おおむね手続きの平等と情報の平等の原則を実現しようとした。[*22] 上記のように核廃棄物管理機構は、公衆との協議、市民参加、参加型意思決定を専門にしている会社や団体に委託した。核廃棄物管理機構は、これらの会社に対して、さまざまな視点からの発言が「対等な場」でなされるような方法で対話を進めるよう指示していた。多くの対話においては、互いの平等とそして互いの見解の平等を尊重するとの原則が明確な前提となっていた。[*23] さらに、対話の参加者たちは、核廃棄物管理機構のウェブサイトに公表されたバランスのとれた豊富な情報を利用することができた。インターネットを利用できない場合には、参加者たちは印刷物を要求することができた。加えて核廃棄物管理機構は専門家の参加を要請し、参加者たちが核廃棄物管理を特徴づける技術的、社会的、倫理的問題の概要を知ることができるようにした。カナダ政策研究ネットワークは、対話のために自分たちが作成した情報資料を検討するようブレア・シーボーンに依頼することまでしたのだった。[*24]

ただし、手続き的平等および認識上の平等の達成という点では、核廃棄物管理機構の成功は限られていた。一方では、九一パーセントの参加者が対話に貢献し参加する十分な機会があったと認めているというカナダ政策研究ネットワークの報告がある。[*25] 多くの対話に参加したハーレーは、つぎのように述べている。「優れた進行役たちが、(参加者間の不平等という)問題に、必ず一人一人の情報提供を高く評価するのを忘れないようにすることで対処していた(中略)。そして、彼らは怯えているように見える人を議論に引き戻すよう努力し、たいていは一緒にその障害を乗り越え議論を続けた」。[*26] デイブ・ハーディも、――彼はハーディ・スティーブンソン・アンド・アソシエイツの社長であり、二〇年以上ものあいだカナダの核廃棄物管理の社会的、倫理的側面を扱ってきた人物であるが、――対話のなかで確実に参加者たちが平等に発言できるようにしていた進行役の努力について語っている。[*27] しかし他方では、参加者の見解が平等に尊重されなかったことを示す証拠がある。どのように諸見解が、それもとりわけカナダにおける原子力エネルギーと核廃棄物管理に対する批判的な諸見解が、核廃棄物管理機構の評価枠組みと勧告から退けられあるいは排除されたのかについて、非常に多くの報告がある。[*28]

バランスのとれた情報を平等に利用できたかどうかについても、評価が同様に入り混じっている。たとえば、カナダ政策研究ネットワークの調査では八五パーセントの参加者が配布資料は明快であり、適切で役に立つ情報が含まれていたと認めている。[*29] ハーディによれば、彼の会社が対話で利用した情報は公平なものであった。[*30] トーマス・バーガーは協議過程全体について論評し、使用された情報資料は概してよく釣り合いがとれていたと述べている。[*31] 核廃棄物管理機構の諮問会議の一人の委員は、協議過程で使われた資料のそうした優れた質について意見を述べている。[*32] そうとはいえ、批判もあった。ハーレーは、「対話ではたいてい廃棄物の有害性について最小限しか説明されず、ときに不正確な説明がなされた」と書きとめている。[*33] 一般的に、核廃棄物管理機構は自分たちの業務、核廃棄物管理、原子力エネルギー産業にかなり好意的な解釈を提示したといわれている。アンナ・スタンレー、リチャード・クーン、ブレンダ・マーフィーは、こうした情報提示における核廃棄物管理機構の偏りについて批判的な見解をくり返している。[*34]

核廃棄物管理機構の協議過程に参加した先住民族の人々はとくに批判的であった。全国のそして地方の先住民の諸団体が自分たち自身の対話を企画、実施したのだが、先住民たちは、これらの対話は正式な先住民との協議という性質のものではないとはっきりと述べている。[*35]先住諸民族は、カナダ政府と対等な立場で対話にかかわるどころか、カナダ政府と一緒に対話に関与する機会を提供されなかった。彼らは核廃棄物管理機構と同等な存在として仕事をするための十分な時間と資金を与えられることもなかった。先住民の参加者たちも、ウェブサイトの情報は設備の点でも言語の点でもほとんど利用できなかったと述べている。[*36]先住民の人々の多くはインターネットを利用できないか、あるいは英語を話さない（大多数の情報資料が英語だけで公表されていた）。これらの点で、核廃棄物管理機構の協議過程は先住民を平等な参加者として扱わなかった。

相互尊重性

全体として、核廃棄物管理機構は熟議的議論の一種もしくは相互の尊重を協議過程で実現しようと努めた。はっきりとこの種の議論の展開や相互の尊重に言及し「意味ある参加」の諸原則を前提にして、開催された対話が非常に多かった。[*37]

カナダ政策研究ネットワークが運営した対話で掲げられていた熟議民主主義的な目的はとくに注目に値する。[*38] カナダ政策研究ネットワークは、参加者たちが当初の意見を互いに検討して、次第に核廃棄物管理の選択肢についてより広く深い理解に向かうことができるように対話を設計した。対話の各セッションの初期段階で、特定の核廃棄物管理のシナリオについて参加者間にどの程度の同意があるのかを測るため、熟議に先立ってアンケート調査がおこなわれた。参加者たちはその後、進行役とともに対話の規則を検討した。対話の規則は討論の規則とは明確に区別されていた。その後、参加者たちはより小さな「分科会」グループに分かれた。これらのグループのなかで、自分たちが核廃棄物管理システムに一番求めたい特質について参加者たちのあいだで討論がおこなわれた。それから参加者が全体会に再度集められ、各グループがそれぞれの議論の結果について報告した。進行役の存在に助けられて、全体会では分科会グループ間の類似点と相違点を確認するための検討がなされた。さらに、同じ過程が再び別のグループをつくって開始され、自分たちが望む処分方法を実施した場合に諦めることができるものは何かという点で最初の頃の考えを掘り下げていった。その後に、もっとも重要な共通点を確認し、一つの共通のシナリオを作るため全体会が再び召集された。その日の最後に、共同で作りあげたシナリオにどの程度同意できるか、進行役が参加者たちに採点してもらった。

相互の尊重は、核廃棄物管理機構の協議過程で追求されたものの、十分には達成されなかったし、一貫して達成されることもなかった。参加者たちが互いを説得しようと努め、また相互理解を達成しようとしたという報告がある。[*39] 参加者たちが過去の歴史にもとづくその確固とした立場を主張しつづけ、そこから反対の立場の人々に乱暴な攻撃を始めたという別の報告もある。[*40] カナダ原子力公社の研究所の地元、マニトバ州ピナワ市長のレン・シンプソンによると、互いを尊重したやりとりはそれを求める参加者たちのあいだにはあったが、それを求めない参加者たちのあいだにはなかった。[*41] たとえ相互尊重性が達成されたとしても、達成の意義については明確でない。ハーディが注目したように、熟議の経過のなかで参加者たちの見解が変化したかもしれないが、参加者たちは根本的な立場を変えることなく帰っていったのかもしれない。[*42] とはいえ、相互尊重性により大きな意義が認められるのは、核廃棄物管理機構の協議過程でなされた予防的な観点からの議論、そして合意の形成に関連してのことである。

予防

協議過程をとおして、参加者たちは将来世代に対する責任、とくに将来世代に被害を与えない、あるいは負担を負わせない責任について発言した。[*43] 参加者たちは総じて社会的、環境的、経済的福祉の面での将来世代の利害関心事に向き合い、予防措置をとることが重要であると発言した。しかし、これらの責任の具体的な内容について、参加者たちのあいだにまったく同意は見られない。何人かの参加者の主張によると、責任とは現在の廃棄物貯蔵システムの安全性を保証すること、廃棄物管理のあらゆる選択肢について理解し評価すること、将来のいかなる長期計画に対しても資金を提供できる基金を確保することである。これらの参加者たちにとっては、核廃棄物管理機構が述べたように「私たちの責任とは、安全性あるいは財政上の見通しの面から将来世代を危険にさらすことなく、将来のどのような決定にも適応する諸条件を確実に整えておくことである」[*44]。これらの参加者たちは、将来世代に対する責任について明確にカナダの現存の核廃棄物の敷地内貯蔵や集中貯蔵を継続する見地から述べている。他の参加者たちにとって将来世代に対する責任とは、私たちの知識と経験に依拠して、私たちが生みだした核廃棄物を管理、処分する最終的な決定をすることを意味する。この観点からすると、「私たちの責任とは確実にこの問題を解決し、将来世代に負担として残さないことである」[*45]。

しかしながら、廃棄物貯蔵なのか埋設処分システムなのか、いずれの場合でも適応可能性が重要であるという点で対話に参加した人たちのなかに大体の同意があった。参加者が同意していたのは、一般にカナダの長期にわたる廃棄物管理システムが、情報と技術の進歩、そして当然エネルギー需要の展開に適応できることを確実に保証することが重要であるという点である。[*46] こうした見解が、核廃棄物管理機構が提案した適応性のある多段階型管理というとり組みに反映されている。さらに、この多段階型管理のとり組みでは、将来世代に拡張されるような民主主義的意思決定をある程度含むことになる。これらの過程は、漸進的意思決定を容易にすることを意図しているが、漸進的意思決定によって、一方で現在世代が廃棄物管理システムを開発しはじめることが可能になり、他方では将来世代がこのシステムを継続することもあるいはシステムの方向性を変えることも可能になる。適応性のある多段階型管理は、核廃棄物管理政策の進展と実施において将来世代に力を与え、自分たちで決める権利を与えることを意図している。しかし、批判者たちが主張するように、原子力エネルギーと廃棄物のもつ意味についてのより幅広い議論にもとづいたものではなく、将来世代を拘束する一定の変更不可能な決定を容認している。[*47] この意味で協議過程では、予防的観点からの議論はわずかなものに限られていたし、管理機構の核廃棄物管理システム案にみられる予防的な視点も限定されたものでしかない。とはいえ、この提案されたシステム案はかなりの同意を得たものである。

合意

核廃棄物管理については、見解が両極化している経緯があるので、核廃棄物管理機構は合意形成に着手したわけではなかった。むしろ協議過程の参加者たちのあいだでどのような基盤が共有されるか、意見のバラつきの幅はどれくらいかを明らかにしようとした。とはいえ、多くの対話がなされ、かなりの合意が生まれた。たとえば、核燃料廃棄物管理の技術的側面のワークショップの参加者のあいだでは、政府が集中的な永久的処分を望んだとしても、今後五〇年間は敷地内貯蔵がやむをえないものであるとの合意がなされた。[*48] 貯蔵と処分とは必ずしも厳密に区別する必要はなく、柔軟性と回収可能性を備えるかたちでの恒久的な処分にいたる途上の諸段階であるという点に参加者の合意がみられた。[*49]

核廃棄物管理機構の協議過程に参加した技術的専門家のあいだでなされた一般的な合意とは別に、カナダ政策研究ネットワークが企画、運営した対話への参加者のあいだでも一定の合意がなされた。そこでは、参加者は、安全性は現在と将来の世代の両方にとって最高に重要であり、その安全確保は現在世代の責任であることに合意した。参加者はまた新たな知識と技術をとり込むことになるであろう、適応性のある柔軟な管理方法の利点についても同意した。さらに、説明責任と透明性の重要性についても同意がなされた。「いかなる決定もそれがなされる前に、専門家、市民、施設立地点の地域社会、その他の利害関係者のしっかりとした参画がなければならない」[*50]という議論がなされた。対話後の質問調査で、これらの共有された見解を組み込んだ廃棄物管理シナリオについて七七パーセントの参加者が合意し、その結果この見解は補強された。

これらの領域ではさまざまなレベルの合意が、全国的あるいは地域的な利害関係者の対話でも生まれた。とりわけ使用済み核燃料が人体の健康と自然環境にとって重大なリスクであること、それはきわめて長期にわたって安全に管理される必要があることも合意された。[*51] さらに、「中立的な第三者が管理方法の将来の発展と履行を監督する[*52]」ことの重要性についても合意がなされた。加えて、どの廃棄物管理方法を選ぶにせよそれは社会的に受容されるものでなければならないこと、また関係するカナダ人は管理方法の選択および実施への参加の機会が与えられるべきであることについても、参加者は一般に合意した。[*53]

核廃棄物管理機構の研究報告書素案には、適応性のある多段階型管理システムの提案が含まれているが、素案発表後、核廃棄物管理機構はカナダ全土で二六〇〇人を対象とする電話調査を委託した。調査の結果、提案の支持率が非常に高いことがわかった。実際、九五パーセントの回答者は、集中貯蔵施設の場所としてどこを選ぶにせよ、科学的、技術的基準を満たさなければならないことに同意した。九二パーセントは管理システムが科学技術の発展がもたらす新しい方策に適応可能なものでなければならないことに同意し、九一パーセントは処分地の選定は直接影響を受ける地域社会との共同作業によりおこなうべきだと回答した。九〇パーセントは施設が社会的、倫理的要求に適合すべきだと答え、九〇パーセントはこの管理方針をどのように実施すべきかについて、将来世代が真に選択をおこなうことができなければならないと答え、八七パーセントは実施過程の各段階で公衆が参加することが重要だと回答した。[*54]

オブザーバーとして参加した人々は、参加者が明らかにした主要な懸念事項について核廃棄物管理機構は把握しておりそれに対応していると主張して、概して核廃棄物管理機構の協議過程と勧告への支持を表明した。[*55] ストラトスによれば、参加者の「大多数」は「勧告に満足している」。[*56] ストラトスは、参加者は「ほとんど例外なく」長期にわたる継続的モニタリングを支持したとも述べている。[*57] 参加者はまた持続的な市民参加、公衆教育、地域社会の意思決定を支持した。[*58] 彼らは、いかなる深地層の保管庫であっても、「当該地域社会に受け入れ意思がある場所に設置すべきである」という核廃棄物管理機構の勧告を支持した。[*59]

このように多くの合意がみられるものの、核廃棄物管理機構の協議過程は利害関係者のあいだにある根深い対立を浮き彫りにした。とくに協議過程が明らかにしたのは、カナダのエネルギー政策のなかで原子力の位置づけに関する深刻な対立である。[*60] 多くの参加者は、既存の使用済み燃料とカナダの原子炉の余命から見込まれる使用済み燃料によって、廃棄物管理問題の範囲が確定される、あるいは確定されるべきだと論じた。しかし既存およびすでに予測されている廃棄物は、管理が必要な既知の分量を示しているにすぎないと論じる者もいた。前者は原子力発電の終焉を要求しているが、後者は原子力発電の継続を含意している。これら二つの正反対の意見には合意もその見込みもまったくなかった。

さらに、核廃棄物管理機構の勧告に対する強い反対意見がある。「核廃棄物ウォッチ」のデービッド・マーチンおよびブレナン・ロイドは、勧告は「最悪だ」と評している。[*61] トゥルドー財団およびカナダ・シエラ・クラブが組織した円卓会議の大部分の参加者は、この勧告を支持しなかった。[*62] 同様に、核廃棄物ウォッチのさまざまなメンバーも不支持を表明した。[*63] カナダ合同教会は、多くの警告を表明し懸念を明らかにした。[*64] これらの人々は、〔核廃棄物管理機構の勧告よりは〕各施設の敷地への現地貯蔵か集中貯蔵寄りの意見ではあったが、原子力エネルギーの果たす役割についての公共的議論が未決状態であることを強調した。彼らの見地からは、将来のカナダの原子力エネルギー政策に関する重要な問題は、核廃棄物管理機構の勧告には含まれていなかった。現に、スタンリーとクーン、マーフィーによれば、核廃棄物管理機構が協議過程でとり上げた諸見解は不当に選択的だった。彼らはつぎのように主張する。

> 核廃棄物管理機構がこの二年半にわたって収集した膨大な資料をどのようにふるいにかけ、いかなる基準で資料を選り分けたのかについて正当な根拠を明らかにしないかぎり、協議過程における公衆の役割に対して、とくに核廃棄物管理機構の結論を全面的には支持しない人々からは疑義が呈されるだろう。[*65]

先住民族や彼らの組織は、核廃棄物管理機構の協議過程と勧告にとりわけ批判的であった。先住民議会は、「先住民の懸念事項、優先順位、価値観」などは、核廃棄物管理機構の勧告のなかではたんなる「解釈」に過ぎないと述べる。[*66] 先住民族会議のある職員が述べたところでは、核廃棄物管理機構は、先住民の人々との対話から勧告を支持する部分だけを抜き出して使った。[*67] さらに、核廃棄物管理機構が情報の大部分を理解していなかったとも論じられた。[*68] たとえば、核廃棄物管理機構は、先住民に伝わる「後に続く七世代を配慮せよ」という教えを誤解した。[*69] この教えを正しく理解すれば、原子力発電は問題外であるはずだった。総じてイヌイット、メティス、ファースト・ネイションは、自分たちが本当の協議には参加しておらず、彼ら先住民および〔先住民とカナダ政府のあいだで結ばれた〕協定の権利は保持されず、彼らの文化や言語が核廃棄物管理機構の協議過程でも勧告のなかでも尊重されることはなかったと主張した。[*70] つまり、先住民、環境団体、独立のオブザーバーたちの見解によれば、核廃棄物管理機構の協議過程には問題があり、その提案は受け入れがたいものだった。

カナダの核廃棄物管理問題から得られる教訓

核廃棄物管理機構の協議過程は熟議民主主義方式によるものとして注目すべきものであるが、包摂、平等、相互尊重性、予防、合意などの諸基準に照らして体系的に評価すると、十分とはいえない。協議過程のなかの対話には、カナダ成人人口の代表的なサンプル、政策分野に関連する環境活動の歴史を担ってきた諸個人と組織、原子力エネルギー産業の代表者、核廃棄物管理にかかわる技術的、社会的、倫理的側面の専門家、地域社会と先住民族の構成員たちが参加するようになってはいたが、彼らはときに排除された。核廃棄物管理機構は、表面上はすべての市民を関係当事者として扱っていたが、実際のところは、誰が参加して何を議論するかを事前に設定しておくことによって、一部の参加者やある種の見解をうまく排除したのである。協議過程への参加者やオブザーバーは、核廃棄物管理機構の権限範囲が狭いことについて絶えず懸念を表明してきた。核廃棄物管理機構は、核燃料廃棄物法の改訂を促すことによって、この懸念に向き合うことができたかもしれない。核廃棄物管理機構は、協議の初期段階でえられた知見にもとづいて、社会的に受容可能な廃棄物管理の選択肢を決めるには、狭く定義された三年間の協議過程では足りないこと、原子力エネルギー政策そのものの是非をより広く公共的に議論する必要があることを妥当な仕方で主張できたかもしれなかった。

この評価はまた、手続き上の平等を実現するために核廃棄物管理機構が一定の努力をしたことを明らかにしている。公衆との協議と市民参加を専門にする企業に委託することで、核廃棄物管理機構は協議過程に一定の独立性を確保し、手続き的平等の原則にもとづいて対話がなされる保証を与えるように努力した。しかし、核廃棄物管理機構の勧告がさまざまな見解を平等に考慮し統合していたかに関しては、報告の賛否は分かれている。核廃棄物管理機構は、独立の立場にある学術研究者に背景知識になるような論文を書いてもらい、それをウェブサイトで公表することで、認識上の平等がそれなりに保たれるようにした。しかし、この方策もまた十分うまくいったわけではなかった。これらの資料は、必ずしも入手可能とは限らなかった。先住民族とその関係団体は翻訳と分析の時間が不足していたと指摘しており、とくに批判的であった。さらに、他の参加者たちは、核廃棄物管理機構の提出した資料がバランスを欠いていると感じた。加えて、参加者は総じて、対話は公平で根拠が提示されていたと感じたが、一部の主体のあいだには根深い確執がみられ、彼らの見解がいつまでも二極化したままだったと指摘する者もあった。参加者は、核廃棄物の貯蔵か処分のどちらかに一定の予防処置を講じることで、将来世代への責任を表明していたのだが、こうした見解は核廃棄物管理機構の適応性のある多段階型管理の勧告には十分反映されていなかった。最後にもう一つ加えておくと、安全、長期的な管理、民主的な関与の重要性に関しては、それなりの合意がなされたが、原子力反対派の活動家と賛成派の原子力業界の代表とでは、将来のエネルギー政策における原子力の役割に関する意見がいつまでも一致せず、そのためどんな廃棄物管理システムが提案されても、それが受容可能かどうかについて意見が一致することはなかったのである。

この評価結果から、リスク、不確実性、将来の状況に関する政策分野での熟議民主主義の発展と適用について言えることがいくつかある。核廃棄物管理機構の協議過程は、特殊な利害関係者、専門家、先住諸民族や各地域社会の見解だけでなく、一般市民の見解をどのようにとり込んでいくべきかを実際に示している。熟議という理想が昔から抱えている問題は、まさに多様な利害関係、職業的背景、人生経験をもつ人々をどのように巻き込んでゆくのかにあったのであり、それらの特性は公的意思決定に影響するのであり、あるいは影響すべきなのである。核廃棄物管理機構の協議過程は、広範に組織された公開討論会を用いることでこれらの行為者たちをどのように巻き込めばよいのかを示した。さまざまな公開討論会が組織され、一般市民の代表を含むものも、利害関係や背景知識の相違を広く反映した多様な人々を含むものもあった。さらに単一の利害や専門領域をもつ者からなる公開討論会も存在した。これらはみな一定期間にわたる反復的過程のなかで組織されたのだった。このような核廃棄物管理機構の協議過程はまた、人々を包摂する条件をつくりだすのは、広範になされる連続的対話と広範な対話主題の組み合わせにほかならないという点も示唆している。ある政策領域の長い歴史のなかでつねに存在してきた主題は、熟議の主題としてとり上げられるべきである。主題が論争含みの性格をもっていても、そのことはこの主題を避ける理由にはならない。むしろ暫定的に正当だといえるような合意に向けて、その主題について熟議する理由になるのだ。

さらに、核廃棄物管理機構の協議過程は、情報源としてのウェブサイト使用に期待できることと、その限界について洞察を与えてくれる。インターネットは一部の人を排除する性格をもちうることを心にとめておくことは重要である。多くの個人、とくに歴史的に周辺に追いやられてきた人々は、インターネットにアクセスできないか、使いこなすことができない。また、核廃棄物管理機構の協議過程はまた、とりわけ原子力エネルギーおよび核廃棄物管理のようにイデオロギーと政治にまつわる緊張をはらんだ分野では、独立の立場の学者や専門家によって作成され、同分野の人々によって吟味された資料の重要性を照らしだした。この種の資料は、〔誰かを排除したり、特定の立場に偏ったりすることがないように〕文化的にも言語的にも適切なものである必要がある。

協議過程は、熟議と仲介を専門とする独立の団体に依頼することによって、手続き上の平等をある程度確保する方法についても洞察を与えてくれる。参加者の心理的、社会・経済的な特徴が平等な参加の妨げになることがありうるため、熟議の手続き的平等の実現は、熟議民主主義が以前から抱えるもう一つの課題であった。専門的な仲介者は、こうした構造的不平等にとり組み、障壁を除いて不平等を均すのに大きく貢献することができる。実際、専門的な仲介者は、現在あるいは将来の〔自己とは異なる立場にある〕他者が実際に広く受け入れる理由、あるいは受け入れ可能な理由を提示することの大切さを参加者に思いださせるので、相互に尊重しあい、また予防的視点に立った議論を実現するうえで決定的に重要になるかもしれない。そのように受け入れ可能な理由にもとづいて、共通の利害を志向しながら議論を展開し合意点を見出していくことに対しては、特定の組織にかかわっていない参加者のほうが総じて積極的であり、またそうすることに長けてもいるという点も、この協議過程が示唆するところである。他方、政治活動に携わった経験がある参加者や当該の政策領域に直接的利害をもつ参加者は、共通の利害を志向しながら立論し、合意点を模索することがより困難かもしれない。彼らの場合、彼らを相互に隔てる中枢的価値や特定の利害について集合的な〔立場を背景に〕熟議をおこなうには、より長い時間を要するかもしれない。また、そのような価値観や利害に働きかけるには、公共的な場での熟議と市民参加の専門家による緊密で持続的な仲介が必要なのかもしれない。

核廃棄物管理機構の協議過程は、勧告内容の主要な側面では合意に至らなかったが、持続的に関心をもつべき事項と対立を特定し今後の課題とすることができた。そうすることによって、これらに関する将来の公的熟議の必要性に照明があてられることになった。このような知見は、熟議民主主義による対話は必ずしも合意形成に至らないかもしれないが、それ以外の非常に重要な役割を果たすことを示唆している。この事例の場合、熟議民主主義の過程の強みは、さまざまな核廃棄物問題に固有のリスクの大きさ、不確実性の程度、複雑さの性質をはっきり目に見えるようにするのに向いているという点にある。このような過程により、合意を形成できる領域とできない領域を照らしだし、また引きつづき対話が必要な争点を特定し、少なくとも暫定的には正当であるような解決が何かについて見通しをえることができるのである。こうした過程は、より徹底した討議によって意思決定にいたるような方法の重要さを際立たせることができる。このような方法をとれば、将来世代の人々は、自分たちに対して拘束力と影響力をもつような政策について暫定的に正当化された決定の見直しをおこなうことができるのである。

しかし、熟議民主主義による意思決定が約束するものは、究極的には、双方の陣営の行為主体の意思に依存することを、この評価は示唆している。熟議民主主義に賛成する陣営が一つ存在していて、制度的自律性と資金をもっていることは、熟議民主主義への方向転換に一定の貢献はするものの、熟議民主主義的な政策過程を実現するには不十分である。両方の陣営の行為主体が、熟議民主主義の諸原則を守り、熟議民主主義を実現することにかかわらなければならない。主導的推進派の人々の場合、このことはとくにあてはまる。核廃棄物管理機構は、ときに重要な視点を軽視し、協議過程と勧告事項の両面でそれを排除したことがあった。そのことで主導的推進派と批判派のあいだにある既存の権力構造を温存し、主導的推進派の利益の増進に奉仕した。この政策領域に熟議民主主義の原則を導入することで主導的推進派から分離したとはいえ、核廃棄物管理機構は協議過程が十分包摂的で、関係する見解の多様性を尊重したものになることを保証するのではなく、適応性のある多段階型管理の勧告にあたっては産業界の利益を守る側に立った。したがって、この事例の場合、熟議民主主義による政策決定過程が最終的に成功するかどうかの鍵は、行為主体自身、とくに制度的、財政的に支配力をもつ立場にある諸主体が握っているということがわかる。

結　論

本書は、倫理的政策分析の提唱者、とくに熟議による政策分析の提唱者が、リスク、不確実性、将来の状況に結びついている諸分野で直面しそうな問題の代表例として、カナダの核廃棄物管理の問題を扱ってきた。この事例に関して、私たちが目にするのは、核廃棄物管理システムの挙動に関連した高度の不確実性に絡む、一連の極度に複雑な技術的、社会的、倫理的諸問題である。また私たちは、人間、人間社会、自然環境の、数十万年とはいわないまでも、数万年におよぶ進化にかかわる不確実性も見出す。さらに、私たちに見えるのはきわめて重大なリスク、すなわち現在および将来の人類、人類以外の生物、生態系に対する、先鋭で累積的で確率論的に生じる被害を含むような起こりうるリスクの存在である。これらは、この重要な政策領域にかかわる人々のあいだに非常に激しい衝突を引き起こしている。核廃棄物のこうした性格は、他の多くの事例、たとえば大規模なエネルギー生産、自然資源の管理、ゲノム学、プロテオーム解析の研究と商業化などと共通しており、これらはみな非常に困難な倫理的課題を抱えている。

これまでの各章で見たとおり、カナダの核廃棄物管理政策に関する本書の研究は、安全性、将来世代、負担と利益、包摂とエンパワメント、透明性と監視などについて対立する見解を述べて論争している二つの陣営に注目している。論争から明らかになったのは、一定程度の概念的諸手段を備えた倫理的政策分析の枠組みが必要だということである。そのような諸手段には、現在世代と将来世代の双方が有する道徳上の地位を一貫したかたちで正当化することが含まれる。もう一つの必須の手段は、良さの概念解釈である。理念的にいえば、この概念は、現在および将来世代のための公共的な意思決定に組み込まれるべき価値と利益はどういうものかを一貫性をもって明らかにするものだ。こうした概念解釈により、政策の選択肢の安全性評価に際して、価値や利害がもつ倫理的な意義を正当に判断できるようになる。そのことは、私たちが安全性とリスクを理解する助けになるだろう。この概念解釈はまた、価値と利害がもつ道徳上の重要性の感覚を政策サイクルのなかにより広くゆきわたらせることで、現在と将来の両方の世代に対して実現すべき正義とは何かを私たちに教えてくれるだろう。最後に述べておくと、倫理的政策分析のための適切な枠組みのなかには、政策を立案する人々と政策に拘束され影響される人々とのあいだになりたつ正統性付与関係という考え方が含まれる。科学的、倫理的な複雑さ、競合しあい、また既得権となっている諸利害、現存世代と将来世代にとっての広範囲の影響といった観点から、この正統性を承認する関係を考え直すように、本事例は私たちに迫っているのである。これらすべては、公共政策を道理にもとづいて受容することをいっそう実現し難くしているものなのだ。

熟議の視点での政策分析と熟議に支えられた政策過程は、核廃棄物管理のような事例にみられる重要な倫理的課題にとり組むために必要な手段を私たちに与えてくれる。それが本書の基本的な議論である。功利主義や義務論とは異なり熟議民主主義は、こうした問題を正当化できるかたちで解決するための倫理的諸原則を与えてくれる。熟議の原理は、政策に関連する諸主体が、問題となっている価値、利益、ニーズに関するさまざまな意見を通して、公正に働きかけるための枠組みを与えてくれる。政策立案者が問題となっている価値、利益、ニーズをいっそう明確にし、それらを保持あるいは分配する方法を特定しようとする場合には、彼らは、正当化しうる、あるいは暫定的には正当化しうる決定を下すために、この枠組みを用いることができるだろう。どちらの場合でも、そのような決定は、功利主義や義務論の枠組みにもとづく場合よりも正当化しうるものであろう。

核廃棄物管理の事例に関して本書が評価を下しつつ解明してきたところでは、熟議民主主義の原理を適用することは価値があるだけでなく可能でもある。しかし、この原理の十分な実現は、究極的には主導的な諸主体の意思に依存していることも本書は明らかにした。倫理的意思決定を実現しようとするあらゆる努力は、当然のことながら意思と支配の問題に直面するのである。とくに公共的な文脈での倫理的意思決定に関してはそうである。この意思と支配という問題にとり組むうえで、熟議民主主義には、功利主義や義務論にくらべて、正当で決定力を有する政策指針を生みだしうるはるかに多くの手段がある。ゲノム学の応用、バイオテクノロジー、ナノテクノロジー、大規模発電、有害廃棄物管理など、今日の政策の多くに関して、この種の指針が倫理的に必須である。これらはすべて深刻で壊滅的でさえあるような、社会的、環境的な災害を現在および将来にわたってもたらすかもしれないのだ。私たちの政策は、リスク、不確実性、将来の状況の観点から見て、公共的にも倫理的にも正当化できるものでなければならない。熟議民主主義はこの目的を達成するうえでもっとも有望なのである。

原注

1　核廃棄物問題と本書の視点

＊1――私は政策分析を、政策サイクル――すなわち政策の形成、実施、評価――のなかでおこなわれる決定を検討、解釈、評価する活動として理解している。政策サイクルの議論については、Howlett and Ramesh（1996）を参照されたい。政策分析に関する私の見方では、政策決定の中身と過程の両方に関して検討、解釈、評価を必要とする。これは独特の広い解釈ではあるが、それにもかかわらず政策分析に関する現代の文献において十分な根拠をもつ。Jennings（1983 : 3-35）および Torgerson（1996 : 266-98, 1986 : 33-59）を参照されたい。

政策分析という言葉のより狭い解釈には、費用便益分析に埋め込まれた理念を用いて決定を評価することに焦点をおくものがある。Munger（2000）, Peters（1999）および Weimer and Vining（1999）を参照されたい。また、政策分析の研究方法の簡略化された類型については、Pal（2001）を参照されたい。

＊2――本書を通じて「道徳的平等」は、人間が平等で絶対的な道徳的価値を有するという公理を指す。この公理は、イマヌエル・カントによって、おそらくもっとも明瞭に表わされている。彼はつぎのように記した。「さて、私は言う。人間および一般にあらゆる理性的存在者は、目的それ自体として現存し、あれこれの意思によって任意に使用される手段としてのみ現存するのではなく、自分自身に向けられた行為においても、他の理性的存在者に向けられた行為においても、あらゆる行為においてつねに同時に目的として見られなければならない、と」Kant（1998）。本書では、「道徳的自由」は、自己決定をおこなうためのある人の能力の行使を

指す――すなわち、ある人が独立して、良さについての概念解釈を構築し、それに従う能力を指す。道徳的自由と密接に関連して、「自律」はある人の自己統制の能力、もしくはより具体的にはある人が欲求や情熱を統制し理性的目標に到達する能力を獲得することを指す。この点については、Berlin（1984）およびMill（1991）を参照されたい。

＊3――カナダの原子力分野の関係者は、放射性廃棄物に関し、高レベルと低レベルの二つに分類している。高レベル放射性廃棄物は原子炉からの使用済み燃料で構成され、低レベル放射性廃棄物は医療および産業からの放射性物質と原子炉敷地で汚染された物質を含む。

2　倫理的政策分析とその重要性

＊1――リスクとリスクをめぐる論争のさらなる理解には、以下を参照されたい。Benjamin and Belluck, eds.（2001）, McDaniels and Small, eds.（2004）, Newman and Strojan, eds.（1998）, さらに、Beck（1992）, Cothern, ed.（1996）, Fiorino（1990）, Harrison and Hoberg（1994）, Leiss（2001）, Posner（2004）, Sunstein（2002）, Thiele（2000：540-57）, Tesh（1999：39-58）およびWaterstone, ed.（1992）

＊2――科学的不確実性の議論については、以下を参照されたい。Funtowicz and Ravetz（1990）, Lemons, ed.（1996）およびWynne（1980）

＊3――Shrader-Frechette（1996：12-39）さらに、Shrader-Frechette（2003）

＊4――同右（1996：13-15）

＊5――同右（16-20）

＊6――同右（21-3）

＊7――同右（23-34）

＊8——マイケル・ジェイコブスは、「将来の状況」を「現在の活動が引き起こす将来世代への影響についてのはっきりとした懸念」と書いている。Jacobs（1999：21-45）を参照されたい。

＊9——Kavka（1978：180-203）

＊10——同右（187）

＊11——たとえば、以下を参照されたい。Auerbach（1995), Dobson, ed.（1999), de-Shalit（1995), Partridge, ed.（1981）および Sikora and Barry, eds.（1978）

＊12——Parfit（1983b）および Parfit（1983a：31-7）を参照されたい。

＊13——Parfit（1983b）第一六章を参照されたい。

＊14——「世代間の（intergenerational）」という用語は、将来世代の人々に対する義務と権利に関する文献で共通して用いられている。それは、私たちが現在と将来の人々から借り受けているものを指している。理論的には、私たちが過去の世代から借り受けているものであることも指すが、このような種類の義務については、文献のなかのほんの一部でしか書かれてない。Brecher（2002：109-19）を参照されたい。私自身は、「世代を超えた（transgenerational）」という用語をより好む。それは、世代を超えた責任あるいは義務は、現在世代の人々が将来世代に対し責任があることや、将来世代との関係で道徳的に縛られていることをより感じさせるためである。さらに、この用語は、ある政策領域における将来世代への義務を特徴づけることのできる時間的距離が潜在的には非常に長いことをより的確に表現している。「世代間の倫理」はより広い捉え方であると言えるかもしれないが、「世代を越えた倫理」は将来世代に対する私たちの責任と義務により的を絞った表現なのである。

＊15——以下の関連する議論を参照されたい。Brunk, Haworth and Lee（1991), Brunk（1992), Covello（1983：285-97), Shrader-Frechette（1991), Shrader-Frechette（1996b：291-307), Slovic（1987：280-5), Slovic（1993：675-82),

Sunstein（2002b）および Tesh（1999）

＊16——政策分析における実証主義、実証主義への批判およびポスト実証主義のまとまった概観については、以下を参照されたい。deLeon（1994:77-95）, Fischer（1998:127-52）, Hawkesworth（1992:295-329）および Torgerson（1986）

＊17——Martineau（1853）を参照されたい。

＊18——Hawkesworth（1992）

＊19——同右（297）

＊20——同右（297-8）

＊21——Popper（1959）を参照されたい。

＊22——Hawkesworth（1992:300）

＊23——同右（304）

＊24——Fischer（1998）

＊25——Durning（1999:394）

＊26——Flores and Kraft（1988:105）

＊27——Hawkesworth（1992:296）

＊28——Simon（1955:99-118）を参照。Pal（2001）も参照されたい。

＊29——Pal（2001:18）

＊30——Weimer and Vining（1999:58）

＊31——Peters（1999:421）

＊32——Munger（2000:352）

＊33――Pal（2001:291-5）

＊34――deLeon（1998）第二章を参照されたい。

＊35――Weimer and Vining（1999:351）

＊36――以下を参照されたい。Belluck and Benjamin（2001:29-77）, Hull and Sample（2001:79-97）および Ryan（1999:23-43）

＊37――Flores and Kraft（1988:114）

＊38――実証主義への批判、ポスト実証主義の発展および倫理的政策分析の関係性の概観には、Douglas（1987:45-67）を参照されたい。

＊39――Tribe（1992:121）

＊40――費用便益分析についての非実証主義からの批判は、以下を参照されたい。Gillroy（1992a:195-216）, Kelman（1992:153-64）, Sagoff（1992:371-85）

＊41――Rawls（1972:287）

＊42――社会的割引についての他の批判は、以下を参照されたい。Mishan and Page（1992:59-113）, Parfit（1983a:31-7）および Parfit Cowen（1992:144-61）。より建設的な用語では、タルボット・ページは費用便益分析に世代をまたぐ平等を考慮に組み入れることを探求した。Page（1997:580-96）

＊43――Parfit and Cowen（1992:147）

＊44――Durning（1999）を参照されたい。

＊45――前者については、たとえば以下を参照されたい。Callahan and Jennings, eds.（1983）, Fischer（2003）, Fischer and Forester, eds.（1989）, Fischer and Forester, eds.（1993）, Forester, ed.（1985）および Hajer and Wagenaar, eds.（2003）。後者については、たとえば以下を参照されたい。Barry and Rae（1975）, Ellis（1998）,

Goodin（1982), Gillroy and Wade, eds.（1992）および Portis and Levy, eds.（1988）

＊46――Sunstein（2002b:355）

＊47――Burgess（2004）

＊48――Posner（2005）

＊49――Rawls（1972:3）

＊50――Hart（1961:155-9）

＊51――同右（155）

＊52――Rawls（1972:5）

＊53――同右（5）

＊54――Young（1990）

＊55――同右（15）

＊56――Singer（1981:31-45）を参照されたい。

＊57――ウィリアム・フランケナが説明したように、「いかなるものであれ、それが促進する道徳的価値によって定まるなんらかの道徳的な質あるいは価値は循環的であろう」。そのため目的論は、権利、義務および道徳的な善を道徳の範囲外の善によって定める。Frankena（1973:14）を参照されたい。

＊58――もちろん、すべての倫理学理論は帰結を考慮に入れる。帰結主義と義務論との基本的な違いは、前者は帰結を後者は動機をより強調するところにある。ロールズによる二つの学派の区別についての微妙な立場の違いからくる批判は、Kymlicka（1988:173-90）を参照されたい。

＊59――Rawls（1972:395-9）

＊60――Weber（1984:37）

＊61——正統性に関する法的、哲学的および社会科学的な理解についてのさらなる議論は、Beetham（1991）第一章を参照されたい。

＊62——Simmons（1999：746）

＊63——同右（749）

＊64——Buchanan（2002：691-2）を参照されたい。

＊65——同右（703）

3　カナダの核燃料廃棄物管理政策——二つの陣営間の論争

＊1——カナダ原子力公社はカナダ政府が全面的に所有する国営会社である。カナダが設計したカナダ型重水炉、MAPLE研究用原子炉、MACSTOR廃棄物貯蔵施設を開発し、市場に出し、販売し、建設している。プロジェクト管理、工学技術、専門的な助言サービス、維持管理サービスと新しい専門技術の開発などの領域の専門家を擁する。会社の歴史概要についてはBothwell（1988）を参照。Doern, Dorman and Morrison（2001：74-95）も参照されたい。

＊2——予測値は、原子炉能力のほか、設備の一新や廃炉計画を含む多くの要因によって変動する。NWMO（2005a：15）

＊3——ポール・サバティエのいうアドヴォカシー連合理論（Advocacy Coalition Framework：ACF）は、その動的な特質と状況の諸次元によって、核廃棄物管理政策に影響を与えようとする行為者たちの陣営間の関係に見られる闘争的な性質を捉えている。しかし、この理論が応用できるのは一定程度までである。この事例では、中核をなす規範的信念、政策上の信念について人々の間に合意があるという特徴を有する連合組織が見られない。たとえば、ある連合組織の成員に先住諸民族とキリスト教諸組織の双方からの代表が含まれている。

両者は、一定の政策目標については収斂する傾向にあるが、その目標を基本的に動機づけている理由は異なっている。

マーティン・ハジャーとフランク・フイッシャーに学んで、この競合している集団を行為者たちの間で言葉、枠組み、議論が共有されていることを強調する言論上の陣営と見なすほうが、よりよく理解できるかもしれない。フィッシャーはつぎのように書いている。「アドヴォカシー連合理論（ACF）は、政策連合をその企てを調整しようと協力し合う行為者たちが共有している「中核的な信念」という用語で定義するが、ハジャーは、その連合〔陣営〕が一群の物語の筋（storylines）を共有して用いることにもとづいて形成されていることを見出した」（107）。Fisher（2003）を参照。Hajer（2003）およびHajer（1996）も参照されたい。また、Sabatier（1988）およびSabatier（1993）も参照されたい。

＊4——原子力管理法に代えて、原子力安全管理法（ＮＳＣＡ）が二〇〇〇年五月三一日に公布された。この原子力安全管理法によって、原子力統制局に代わりカナダ原子力安全委員会が設置された。CNSC, 2000, News Release: Canadian Nuclear Safety Commission: New powers to protect health, safety, security and the environment（Ottawa: Government of Canada, 1 June）. 原子力統制局の歴史的概観については、Sims（1980）を参照。Jackson and Mothe（2001: 96-112）も参照されたい。

＊5——Aikin, Harrison and Hare（1977）。エイキン報告以来、電力計画に関するオンタリオ王立委員会と下院エネルギー鉱物資源常設委員会はカナダの核廃棄物を、地上を基地とする地層処分とすることに支持を表明してきた。Royal Commission on Electric Power Planning, 1979, *A Race Against Time: Interium Report on Nuclear Power in Ontario*（Toronto: Royal Commission and Queen's Printer for Ontario）とHouse of Commons Standing Committee on Energy, Mines, and Resources, 1988, *Nuclear Energy: Unmasking the Mystery*（Ottawa: Queen's Printer）を参照されたい。現在は、使用済み核燃料廃棄物管理の専門家からなる国際コミュニ

ティ（ＯＥＣＤの原子力機関とＩＡＥＡを含め）には、安定した岩盤での深地層処分が最善の選択であるとの一般的な合意がある。原子力機関はつぎのように明言している。「長期にわたる隔離を達成するための最善の方法は安定した地層構造のなかに地下深く処分することであると一般的に合意されている」。NEA/OECD（2000:42）長期間の廃棄物管理の選択肢に対するさまざまなとり組みに関する最近の議論については、NWMO（2005b）を参照されたい。

＊6――Aikin et al.（1977:5）

＊7――同右

＊8――Canada/Ontario, 1978, Joint Statement on Radioactive Waste Management Program, Minister of Energy, Mines and Resources Canada and the Ontario Energy Minister（Ottawa and Toronto）.

＊9――カナダ原子力公社とオンタリオ水力発電が特別に処分の基本構想、すなわち場所を特定しない深地層処分の構想を発展させるよう指示されたと明確に述べるべきだろう。カナダ政府とオンタリオ州政府は一九八一年に、いかなる特定の地域社会も適切な協議がないまま処分地として前もって選定されていたと感じることのないよう、基本構想が受け入れられるまでは処分地の選定は開始されないとの声明をおこなった。Canada/Ontario, 1981, Joint Statement on the Nuclear Fuel Waste Management Program, Minister of Energy, Mines and Resources Canada and the Ontario Energy Minister（Ottawa and Toronto）. この処分地を特定しない構想をめぐる諸問題についての批判的議論については、Murphy and Kuhn（2009）を参照されたい。

＊10――一九九二年に、カナダ環境影響評価機関が設立され、評価と審査過程を引き継いだ。

＊11――シーボーン委員会の審査に対する非常に興味深い批判的議論については、Durant（2009）を参照。Stanley（2009）も参照されたい。

＊12――CEAA（1998）

＊13——AECL, 1994, *Environmental Impact Statement on the Concept for Disposal of Canada's Nuclear Fuel Waste* (Chalk River: AECL).

＊14——シーボーン委員会の参加者たちが抱いていたものの見方についての概要は、Anne Wiles, 1996, Participants' View on Broad Social Issues Related to Nuclear Fuel Waste Management,（Hull: CEAA）を参照されたい。核燃料廃棄物管理および処分構想環境影響評価委員会のために準備されたものである。同著者による1994, Analysis of Ethical Assumptions underlying Positions of Pro-and Anti-Nuclear Intervenors to EARP Review Scoping Hearings（Hull: CEAA）. を参照されたい。CEAA（1998）も参照されたい。さらにこれらの見解をより詳細に理解するためには、CNS（1997）ならびに以下を参照されたい。二〇〇一年八月一四日、チョークリバーでのカナダ原子力公社の職員との筆者のインタビュー、二〇〇一年八月一六日、オタワでのカナダ原子力安全委員会の職員№1との筆者のインタビュー、二〇〇一年八月一六日、オタワでのカナダ原子力安全委員会の職員№2との筆者のインタビュー、二〇〇一年八月二七日、トロントでのオンタリオ発電の職員№2との筆者のインタビュー、二〇〇一年九月五日、トロントでのオンタリオ発電の職員№3との筆者のインタビュー、二〇〇一年八月一三日、オタワでのカナダ原子力協会政策部長コリン・ハントとの筆者のインタビュー。

＊15——概要についてはまた、Wiles, Participants' View on Broad Social Issues と同著者による Analysis of Ethical Assumptions を参照されたい。また、CEAA（1998）を参照されたい。さらにこれらの見解を詳細に理解するためには、以下を参照されたい。Irene Kock, Sierra Club of Canada, Oral Submissions to Standing Committee on Aboriginal Affairs, Northern Development and Natural Resources, www.parl.gc.ca/InfoComDoc/37/1/AANR?Meetings/Evidence/aanrev28-e.htm.2001 CCEER, A Report to the FEARO Panel on the Proposed Nuclear Waste Disposal Concept（Hull: CEAA, PAPUB. 043 1996）, Northwatch（1996）, Northumberland Environmental Protection（1996）．二〇〇一年八月一日、トロントでのエネルギー調査会の核研究部長、上級政策分析官であるノーム・ルビンとの筆者のインタビュー、二〇〇〇年八月三一日、トロントでのルイス・ウィルソンとの筆者のインタビュー。

＊16――CEAA（1998:64-79）を参照されたい。

＊17――同右（2）

＊18――同右（64-79）

＊19――同右（70-1）

＊20――同右（72-4）

＊21――同右（68）

＊22――NRCan, 1998, *Government of Canada Response to Recommendations of the Nuclear Fuel Waste Management and Disposal Concept Environmental Assessment Panel*（Ottawa:Government of Canada）, 12.

＊23――同右（5）

＊24――NRCan, 1995, The Development of a Federal Policy Framework for the Disposal of Radioactive Wastes in Canada:The Results of Consultations with Major Stakeholders（Ottawa:Government of Canada）．同省による 1995, Discussion Paper on the Development of a Federal Policy Framewark（Ottawa:Government of Canada）を参照されたい。

＊25――（第37回）カナダ議会 An Act Respecting the Long-Term Management of Nuclear Fuel Waste（Ottawa, 2002） s. 12〔4〕, 7.

＊26――同右 s. 12〔6〕, 7.

＊27――同右 ss. 9-11, 4-6.

＊28——同右 ss. 27-31.

＊29——NWMO（2005a：59-113）

＊30——同右（399-420）

＊31——同右（421-8）

＊32——同右（399-420）

＊33——同右（133-44, 315-23）

＊34——Standing Committee on Aboriginal Affairs, Northern Development and Natural Resources（2001a），（2001b），（2001c），（2001d），（2001e），（2001f）を参照されたい。

4　核廃棄物管理政策で問われた倫理的諸問題

＊1——NWMO（2005b：76）

＊2——同右

＊3——CEAA（1998：135）この視点の例としては，AECL（1997），CNS（1997）および Ontario Hydro（1997）を参照。Wiles（1994, 1996a）も参照されたい。

＊4——CEAA（1998：135）. Wiles（1994, 1996a）も参照されたい。

＊5——AECL（1997），CNS（1997）および Ontario Hydro（1997）

＊6——CEAA（1998：135）

＊7——Wiles（1996a：2-3）

＊8——同右（3）

＊9——同右（4）

＊10——Wiles（1994:37）より引用。

＊11——CEAA（1998:135）

＊12——Wiles（1996a:4）. Wiles（1994）も参照されたい。

＊13——NWMO（2005b:74）

＊14——Atomic Energy Control Board（1987:104）を参照。Canadian Nuclear Safety Commission（2004:290）も参照されたい。

＊15——International Committee on Radiological Protection（1997）, Nuclear Energy Agency of the Organisation for Economic Co-operation and Development（1977, 1982）を参照。

＊16——Atomic Energy Control Board（1987:8）

＊17——同右（3-5）

＊18——AECL（1994:296-301）. Scientific Review Group（1995）も参照されたい。

＊19——Brunk（1992:7）. Aboriginal Rights Coalition（1996）, Assembly of Manitoba Chiefs, Assembly of First Nations of Quebec and Labrador, and Grand Council of the Crees（1997）, Canadian Coalition for Ecology, Ethics, and Religion（1996）, King（1997）も参照されたい。

＊20——Wiles（1996a:9）

＊21——同右（2-3）

＊22——Aboriginal Rights Coalition（1996:13）

＊23——追加的議論として、Fox（1996）, Northwatch（1996a）, Saskatchewan Environmental Society（1996）および United Church of Canada（1996）を参照されたい。

＊24——CEAA（1998:54）

＊25――Brunk（1992:9）

＊26――Wiles（1996a:2-3）

＊27――同右（13-15）

＊28――Brunk（1992:9）

＊29――たとえば、AECL（1997）, CNS（1997）, Ontario Hydro（1997）およびNatural Resources Canada（1996b）を参照されたい。

＊30――たとえば、Northumberland Environmental Protection（1996a, 1996b）およびNorthwatch（1996b）を参照されたい。

＊31――NWMO（2005b:77）

＊32――Fox（1996）. Northwatch（1996b）も参照されたい。

＊33――二〇〇二年一月一八日、ピカリングおけるピカリング首長であるワイン・アーサーへの筆者のインタビュー、二〇〇二年一月二日、トロントにおけるキンカーダイン自治体の首長ラリー・クリーマーへの筆者のインタビューおよび二〇〇二年一月一七日、クラリングトンにおけるクラリントンの首長と原子力関連施設立地地域連盟の議長ジョン・マトンへの筆者のインタビュー。

＊34――Wiles（1996a:18）

＊35――Concerned Citizens of Manitoba（1996:3）

＊36――同右

＊37――Wiles（1996a:18）

＊38――Aboriginal Rights Coalition（1996:14）

＊39――Wiles（1996a:9-10）

＊40――Fox（1996：9）

＊41――Aboriginal Rights Coalition（1996：11）. Fox（1996）も参照されたい。

＊42――Northwatch（1996b：10）

＊43――Brown（1996）

＊44――NRCan（1995b：7）

＊45――NRCan（1996a）

＊46――NRCan（1995b）を参照。

＊47――二〇〇一年九月五日、トロントにおけるオンタリオ発電の職員№３への筆者のインタビュー。

＊48――Canadian Coalition for Ecology, Ethics, and Religion（1996：10）

＊49――二〇〇一年八月二〇日、トロントにおけるエネルギー研究と環境省分析者、エネルギー調査会のノーム・ルビンへの筆者のインタビュー。

＊50――二〇〇一年八月一三日、オタワにて、カナダ原子力協会の政策理事であるコリン・ハントへの筆者のインタビュー。

＊51――NRCan（1995）の補遺を参照。

＊52――Brown（1996）

＊53――Wilson（2000：74）

＊54――Brown（1996）.（Wilson 2000：73-5）も参照されたい。

＊55――Brown（1996）. 二〇〇一年八月一六日、オタワにおけるカナダ天然資源省の職員への筆者インタビュー、二〇〇一年九月五日、トロントにおけるオンタリオ発電の職員№３への筆者インタビュー、そして二〇〇一年一一月五日、同職員№４への筆者インタビューも参照。

＊56——Dicerni（2002）

＊57——二〇〇一年八月一日、トロントにおける、エネルギー調査会の原子力研究所所長で、上級政策分析員であるノーム・ルビンへの筆者のインタビュー。二〇〇一年九月七日、トロントにおける「シエラクラブ」のアイリーン・コックへの筆者のインタビュー、Lloyd（2001）および Wilson（2001）. クーン・カムは、明確に公共企業体の設立を呼びかけている。Come and Matthew（2001）を参照。

＊58——このような関心は、公聴会において、将来の廃棄物管理機関の広い領域の利害関係者の代表のための制度的資格を要求する先住民族会議、原子力関連施設立地地域連盟、ノースウォッチおよびカナダ山脈クラブによっても表明された。

＊59——Chatters（2001）. Natural Resources Canada（1999b）も参照されたい。

＊60——Keddy（2001）

＊61——二〇〇一年一一月五日、トロントにおけるオンタリオ発電の職員No.４への筆者のインタビュー。

＊62——同右

＊63——NRCan（1999b:9）

＊64——同右

＊65——Come and Matthew（2001）, Lloyd（2001）

＊66——Natural Resources Canada（1999b:15, 17）. Comartin（2001）も参照されたい。

＊67——Wilson（2001）

＊68——Natural Resources Canada（1999b:9, 11, 17）

＊69——Wilson（2001）

＊70——Keddy（2001）. 法案Ｃ－27は、「大臣が報告書を受け取った後、大臣はその報告書の写しを、議会の最初の

一五日以前にそれぞれの国会議員に渡っているようにする」と改正された。
＊71——二〇〇一年一一月五日、トロントにおけるオンタリオ発電の職員№４への筆者インタビュー。
＊72——Dicerni（2002）
＊73——同右

5　三つの倫理学理論と核廃棄物問題

＊1——古典的功利主義の理解として Bentham（1998), Mill（1991), Goodin（1995), Sen and Williams（1982）. つぎを参照されたい。
＊2——Shaw（1999:11)
＊3——Goodin（1995:10)
＊4——Sen and Williams（1982:4), Shaw（1999:11-12)
＊5——Shaw（19999:11)
＊6——Goodin（1995:10)
＊7——Singer（1981:33). Bentham（1988:49-50）も参照されたい。
＊8——Singer（1995:231)
＊9——Singer（1979:27)
＊10——Goodin（1982; 1992:411-25）を参照されたい。
＊11——同右（73)
＊12——同右（chap. 5 passim.)
＊13——Goodin（1992)

＊14――Goodin（1992:421）

＊15――Shaw（1999:13）

＊16――たとえば Attfield（1991), Barry（1977; 1978), Bickham（1981), Sumner（1978）を参照されたい。

＊17――Narveson（1967). Narveson（1973）も参照されたい。

＊18――Narveson（1967:63）

＊19――Shaw（1999:32）

＊20――Stearns（1972）

＊21――Shaw（1999:31-32）

＊22――同右（33）

＊23――CEAA（1998）

＊24――Parfit（1983a; 1983b）を参照されたい。

＊25――Parfir（1983b）

＊26――このような議論の例として、Schwaratz（1978), de Gorge（1981), Steiner（1983）を参照されたい。

＊27――たとえば、IAEA（1989), OECD/NEA（1977）を参照されたい。

＊28――Singer（1979）を参照されたい。

＊29――Govier（1979）を参照されたい。

＊30――Haslett（1996:161）

＊31――Shaw（1999:33-5）

＊32――同右（33）

＊33――Govier（1979）を参照されたい。

＊34──Center for Environmental Policy（2000:9）
＊35──Rawls（1972:26）
＊36──Sen and Williams（1982:4）
＊37──同右（4-5）
＊38──Rawls（1972:286-7）
＊39──Frankena（1973), Waldron（1984）
＊40──Rawls（1972:24). ロールズとウィリアム・フランケナはともに功利主義を目的論的な理論であると考える。目的論は功利主義の諸理論だけでなくアリストテレスの幸福主義と倫理的利己主義を含む大きな範疇である。目的論と義務論についての簡潔な議論として、Frankena（1973）を参照されたい。
＊41──Frankena（1973:14）
＊42──Rawls（1972:30）
＊43──同右（396）
＊44──Kant（1998）を参照されたい。
＊45──Feinberg（1980:131）
＊46──Waldron（1984:11）
＊47──同右（11）
＊48──Warren（1978）
＊49──Feinberg（1981:143）
＊50──Feinberg（1980）
＊51──Rawls（1993:19）

＊52――Warren（1978：28）
＊53――Feinberg（1981：148）
＊54――English（1997）, Richards（1985）, Routley and Routley（1981）も参照されたい。
＊55――Dworkin（1977：199）
＊56――Rawls（1972：396）
＊57――同右
＊58――Barry（1991；1999）も参照されたい。
＊59――Barry（1999：98）
＊60――同右
＊61――Barry（1991：260）
＊62――Barry（1999：97）
＊63――Rawls（1972：284-93）
＊64――同右（145）
＊65――Scanlon（1982）
＊66――Barry（1995：67-72）
＊67――Macklin（1981：151-5）
＊68――Steiner（1985：152）
＊69――同右
＊70――de Gorge（1981：157-65）
＊71――同右（160）

＊72——Grand Chief Matthew Coon Come（2001）

＊73——Barry（1995:58）

＊74——ジョン・ドライゼクは、審議民主主義と熟議民主主義を区別している。前者はユルゲン・ハーバーマスの批判理論にもとづいた民主主義の考え方に依拠しているのに対し、後者は自由主義的立憲主義における道徳枠組みのなかで発展してきた民主主義の考え方である。ドライゼク（2000）を参照。筆者は熟議民主主義の用語を選択するが、その理由は、この用語が参照する諸理論はドライゼクや他の論者による議論に応答してきたものであるからである。さらに、この用語はより一般的に用いられている。

＊75——Chambers（1996;2003），Cohen（1997a;1997b），Dryzek（1990;2000），Freeman（2000），Gutman and Thompson（1996;2000;2004），Varadez（2001）

＊76——政策サイクルにおいて熟議的理念への接近が生ずるかどうかは、代表者の形態に依拠している。影響を受けるすべての人が政策形成、政策の実施、政策評価にとり組めるとは限らないからである。この代表性の望ましさと必要性は、重要な諸点で熟議民主主義にさらなる問題を突きつける。たとえば、Phillips（1993），Williams（1998;2000），Young（1999）を参照。

＊77——サミュエル・フリーマンによると、「民主主義は、平等な参加と自由で開かれた討論や批判を組み合わせるので、すべての立場の視点が表現され、全員の利害が考慮される。マイノリティや個人の基本的な権利が侵されたり、彼らの根源的な利害が無視されることは起こりそうもない。とくに市民がみんなにとって良いことについて熟考するよう要請されている場合にはそうである。また同じように熟議も決定の正統性に貢献すると言われている。というのは、資源を求めて競合する道徳上の諸要求の有する利点の適切性について慎重に考慮され、そののちに決定が採択された場合、競合する主張の決着で敗れた市民が、その決定を受け入れる可能性が高いからである」Freeman（2000:383）

＊78――Chambers（1996:99）

＊79――Cohen（1997a:74-5）を参照。同じくChambers（1996:99-100）も参照されたい。

＊80――Varadez（2001:6-7）

＊81――Freeman（2000:391）

＊82――Chambers（1996）のとくに第五章と、Dryzek（2000）のとくに第一章を参照されたい。

＊83――Rawls（1999）を参照されたい。

＊84――Rawls（1993）

＊85――Varadez（2001:58-67）また同じくBohman（1996）も参照されたい。

＊86――Gutman and Thompson（1996）のとくに第二章を参照されたい。

＊87――同右（56）

＊88――Chambers（1996），Dryzek（2000）のとくに第七章、Young（1999;2001）を参照されたい。

＊89――Dryzek（2000:2）

＊90――同右

＊91――ユルゲン・ハーバーマス『道徳意識とコミュニケーション行為』参照。より具体的には、コミュニケーション的合理性は討論の諸前提の三つの水準に位置づいている。この三段階の諸前提のセットは、一組の手続き的な諸原則を生みだす。ハーバーマスによると、その諸原則は、それに合致する言説であるかぎり、言説に抑圧や不平等に対する「免疫を与える」という。これらのどの水準においても、もし集合的な決定に正統性があるべきだというのであれば、私たちは集合的な決定を形成することに適用すべき諸原則を見出す。第一の種類の規則は、論理的・意味論的なもので、それは共通の自然言語を私たちが話すことを要求する。このような規則は、どんな話者も自分の言うことに矛盾があってはならないこと、またどの話者も一貫した叙述

を用いて同じ方法で同じ表現をすることを必要とする。つぎの水準ないし種類の規則は、手続き的なものである。ここでは、どの話者も彼や彼女が本心から信じていることだけを主張することが定められているのだ。チャンバーズは、コミュニケーションの参加者が「事実として真実だと信じていること、正しい規範だと信じていること、自分の内面的な気持ちとして理解していること」を発言し、守るべきだと表明しており、詳細に論じている。聞き手については、彼女〔チャンバーズ〕は「聞き手は、たとえ彼らが意見自体を受け入れなかったとしても、意見の背後にある意図を尊重しなければならない」と述べる。第三の種類の規則は、討論における平等、自由、そしてフェアプレイを保証することによって、コミュニケーション的討論の理念を正式なものにすることである。これらの規則は、話したり行動する能力をもつ人は、誰も討論から排除されないし、誰もが質問したり、あるいは何でも意見を発表することが許されていると考える。これらの規則は、熟議の結果によって影響を受けたり、影響を受ける可能性のあるすべての人に拡張すべきである。Chambers（1996:98-101）を参照。また同じくDryzek（1990:14-9）およびDryzek（2000:167-8）も参照されたい。

＊92——Dryzek（2000:47-50）を参照。また同じくVaradez（2001:58-67）も参照されたい。

＊93——Varadez（2001:41）

＊94——Gutman and Thompson（1996:93-4）

＊95——Varadez（2001:63）

＊96——Sunstein（1997:96）

＊97——同右

＊98——Williams（2000:132）

＊99——Dobson（1998）

＊100——〔環境〕保全と民主主義の関係についての興味深い議論のために、Wood（2000）を参照。

＊101——Gutman and Thompson（1996:155-64）

＊102——O'riodan et al., eds.（2001:9-33）を参照。同じくHarrenmomës et al., eds.（2002), O'riodan et al., eds.（2001), Tickner et al., eds.（1999）

＊103——United Nations（1992:10）

＊104——Harrenmomës et al., eds.（2002:4-5), O'riodan et al., eds.（2001:20）およびTickner et al., eds.（1999:4-5）を参照されたい。

＊105——O'riodan et al., eds.（2001:20）

＊106——Harrenmomës et al., eds.（2002:197-8）およびTickner et al., eds.（1999:4）

＊107——O'riodan et al., eds.（2001:19）

＊108——Cross（1996）を参照。

＊109——Sunstein（2002, 2005）を参照されたい。

＊110——Sunstein（2002:5）

＊111——同右（22）

6 熟議民主主義による政策分析の可能性と問題点

＊1——たとえば以下を参照されたい。Ackerman and Fishkin（2002), Andersen and Hansen（2007), Avritzer（2006), Barabas（2004), Chambers（2003), Carpini, Cook and Jacobs（2004), Chilvers（2007), Fishkin（1992), Fung and Wright（2003), Fung（2003a), Fung（2003b), Hajer and Wagenaar（2003), Hamlet and Cobb（2006), Lang（2007), Lehtonen（2006), Melo and Baiocchi（2006), Paradopoulos and warin（2007), Parkinson (2006), Petts and Brooks (2006), Wagenaar (2006)

＊2――二〇〇五年六月六日および九月三〇日、トロントでの核廃棄物管理機構職員との筆者のインタビュー。また、NWMO (2005b:59-113), (2005b:399-420) も参照されたい。NWMO によれば、一万五〇〇〇人以上のカナダ市民が、熟議の対話だけでなく世論調査や説明会を含めてこの国民協議過程に参加した。

＊3――二〇〇五年六月六日、トロントでの核廃棄物管理機構理事長 Elizabeth Dowdeswell との筆者のインタビュー。また、二〇〇五年六月六日と九月三〇日、トロントでの核廃棄物管理機構職員との筆者のインタビュー。

＊4――Watling et at. (2004)

＊5――DPRA Canada (2004b)

＊6――Hardy Stevenson and Associates Limited (2005a)

＊7――Stratos (2005a)

＊8――NWMO (2004b)

＊9――Shoesmith and Shemilt (2003)

＊10――Coleman, Bright Associates and Patterson Consulting (2003)

＊11――Global Business Network (2003)

＊12――NWMO (2005a)

＊13――核廃棄物管理機構の協議過程における先住諸民族の待遇についての批判的検証は、Stanley (近刊) を参照されたい。

＊14――NWMO (2005b:402-5)

＊15――同右 (401)

＊16――たとえば、Berger (2005) を参照されたい。二〇〇五年五月九日のオタワにおけるアンドリュー・ブルック

との筆者のインタビュー。彼はカールトン大学の哲学科教授、核廃棄物管理機構の倫理円卓会議の一員であり、核廃棄物管理機構の国民協議過程の参加者である。二〇〇五年一〇月五日、諮問会のメンバーとの電話インタビュー。二〇〇五年九月三〇日、トロントでのハーディ・スティーブンソンの社長デイブ・ハーディとの筆者のインタビュー。二〇〇五年六月七日、クラリントンでのジョン・マトンとの筆者のインタビュー。彼はクラリントン市市長で原子力施設立地地域連合の代表である。二〇〇一年八月一日、トロントでのノーム・ルービンとの筆者のインタビュー。彼は二〇〇五年時点で原子力研究所の所長でありエネルギー調査会の上級政策アナリストである。二〇〇五年九月二三日、ピナワ市長のレン・シンプソンとの電話インタビュー。二〇〇五年九月一五日、西部オンタリオ大学のデイビッド・シュースミスとの電話インタビュー。また、以下も参照されたい。DPRA Canada（2004b), Hardy Stevenson（2005a), Stratos（2005a）および Stratos（2005b）

*17——二〇〇五年一〇月二〇日、原子力産業の広報担当者へのインタビュー。

*18——たとえば以下を参照されたい。Kamps（2005), Nuclear Waste Watch（2004）および United Church of Canada, Justice, Global and Ecumenical Relations Unit（2005b)。

*19——Stanley et al.（2005）

*20——二〇〇五年八月四日、マリー・ルー・ハーレーの電子メールによる筆者の質問への回答。彼女は、カナダ合同教会の「正義・全世界・全キリスト教会と核廃棄物の関係文書作成チーム」の一員である。

*21——たとえば、AFN（2005a), Janes（2005）および以下を参照。二〇〇一年八月一日のトロントでのノーム・ルービンとの筆者のインタビュー。彼は原子力研究所の所長でありエネルギー調査会の上級政策アナリストである。Stanler et al.（2005), Nuclear Waste Watch（2004), NWAC（2005), Trudearu Foundation（2005), United Church of Canada, Justice, Global and Ecumenical Relations Unit（2004), United Church of Canada, Justice, Global and Ecumenical Relations Unit (2005C), United Church of Canada, Justice, Global and Ecumenical Relations Unit (2005a) また、以下を参照されたい。DPRA Canada (2004b) および Hardy Stevenson (2005a)

＊22——二〇〇五年六月六日、トロントでのエリザベス・ダウデスエルとの筆者のインタビュー。および二〇〇五年六月六日と九月三〇日、トロントでの核廃棄物管理機構の職員との筆者のインタビュー。

＊23——たとえば、以下を参照されたい。Watling et at. (2004), DPRA Canada (2004a), DPRA Canada (2004b), DPRA Canada (2004c), Global Business Network (2003), Sigurdson (2003), Barry Stuart, Community Dialogue: A Planning Workshop, NWMO Background Papers and Workshop Reports (Tronto: NWMO, 2003) および Hardy Stevenson and Associates (2004b)

＊24——二〇〇五年五月九日、オタワでのジュディ・ワトリングとの筆者のインタビュー。彼女はパブリック・インボルブメント・ネットワークの副部長である。

＊25——以下を参照されたい。Watling et al. (2004) 核廃棄物管理機構のために対話を運営したすべての第三者機関が参加者たちに彼らの対話経験について熟議前、熟議後の調査をおこなったわけではない。カナダ政策研究ネットワークはこの領域ではもっとも包括的な仕事をしており、筆者が用いたデータは彼らの調査に依拠している。

＊26——二〇〇五年八月四日、マリー・ルー・ハーレーの電子メールによる筆者の質問への回答。彼女は、カナダ合同教会の「正義・全世界・全キリスト教会と核廃棄物の関係文書作成チーム」の一員である。

＊27——二〇〇五年九月三〇日、トロントでのハーディ・スティーブンソン社の社長、デイブ・ハーディとの筆者のインタビュー。

＊28——たとえば以下を参照されたい。CAP (2005), Janes (2005), Stanley et al. (2005), 二〇〇五年一〇月四日、

オタワでの先住民族会議の職員No.２との筆者のインタビュー。Trudeau Foundation and Sierra Club of Canada (2004), United Church of Canada, Justice, Global and Ecumenical Relations Unit (2004), United Church of Canada, Justice, Global and Ecumenical Relations Unit (2005a), United Church of Canada, Justice, Global and Ecumenical Relations Unit (2005b) および United Church of Canada, Justice, Global and Ecumenical Relations Unit (2005c)

＊29——Watling et al. (2004) を参照。

＊30——二〇〇五年九月三〇日、トロントでのハーディ・スティーブンソン社の社長、デイブ・ハーディと筆者のインタビュー。

＊31——Berger (2005)

＊32——二〇〇五年一〇月五日、諮問会のメンバーとの電話インタビュー。

＊33——二〇〇五年八月四日、マリー・ルー・ハーレーの電子メールによる筆者の質問への回答。彼女はカナダ合同教会の、「正義・全世界・全キリスト教会と核廃棄物の関係文書作成チーム」の一員である。

＊34——Stanley et al. (2005)

＊35——AFN (2005a or b), CAP (2005) および ITK (2005)

＊36——二〇〇五年九月三〇日、オタワでのソハ・クヌーンとの筆者インタビュー。全国イヌイット特別対話のコーディネーターで、イヌイット・タピリット・カナタミの環境部門に所属する。二〇〇五年一〇月一三日、オタワでの先住民族会議の職員No.２との筆者インタビュー。また、AFN (2005a or b) を参照されたい。

＊37——たとえば以下を参照されたい。DPRA Canada (2004a), DPRA Canada (2004b), DPRA Canada (2004c), Sigurdson (2003), Barry Stuart, Community Dialogue : A Planning Workshop, Global Business Network (2003), Hardy Stevenson and Associates Limited (2005a), Hardy Stevenson and Associates Limited

（2005b）および Stratos（2005b）

＊38——Watling et al.（2004）を参照されたい。

＊39——たとえば、二〇〇五年八月四日のマリー・ルー・ハーレーの電子メールによる筆者質問への回答、二〇〇五年九月三〇日、トロントでのハーディ・スティーブンソン社の社長、デイブ・ハーディとの筆者のインタビュー、および Watling et al.（2004）

＊40——たとえば、二〇〇五年九月二三日、ピナワ市長レン・シンプソンとの電話インタビュー。二〇〇五年九月一五日、西オンタリオ大学のデイビッド・シュースミスとの電話インタビュー。

＊41——二〇〇五年九月二三日、ピナワ市長レン・シンプソンとの電話インタビュー。

＊42——二〇〇五年九月三〇日、トロントでのハーディ・スティーブンソン社の社長、デイブ・ハーディとの筆者のインタビュー。

＊43——NWMO（2005b : 74-8）

＊44——NWMO（2005b : 76）

＊45——同右

＊46——同右（75）

＊47——たとえばつぎを参照されたい。Stanley et al.（2005）

＊48——Shoesmith and Shemilt（2003a : 4）

＊49——同右（5）

＊50——Walting et. al（2004 : x）

＊51——DPRA Canada（2004b : 7）

＊52——同右（24）, Stevenson（2004b : 23）を参照されたい。

*53――Stevenson（2005b:35），Stratos（2005a:5-6）

*54――NWMO（2005b:108）

*55――たとえばつぎを参照されたい。Berger（2005）核廃棄物管理機構の倫理円卓会議のメンバーであり、国民協議過程の参加者であるカールトン大学の哲学教授アンドリュー・ブルックに対して、二〇〇五年五月九日オタワでおこなった筆者のインタビュー、二〇〇五年九月三〇日トロントでの、ハーディ・スティーブンソン・アンド・アソシエイツ社長、デイヴ・ハーディとの電話による筆者のインタビュー、二〇〇五年一〇月五日、核廃棄物管理機構理事会メンバーとの電話による筆者のインタビュー、二〇〇五年九月二三日、ピナワ市長レン・シンプソンとの電話による筆者のインタビュー。

*56――Stratos（2005a:2-4）

*57――同右（5）

*58――同右

*59――同右（6）

*60――DPRA Canada（2005）

*61――Salaff（2005），Campbell（2005:sec. A, 8）に引用されている。

*62――Trudeau Foundation and Sierra Club（2005）

*63――Nuclear Waste Watch（2004）

*64――United Church of Canada（1996）

*65――Stanely et al.（2005）

*66――CAP（2005）

*67――二〇〇五年一〇月一三日オタワでの、先住民族会議の職員№2との筆者のインタビュー。

＊68――同右

＊69――同右。二〇〇五年九月二九日トロントでおこなった、ラバル大学横断ケベック研究センター、ポスドク研究員であるアンナ・スタンレーとの筆者のインタビューも参照されたい。

＊70――たとえばつぎを参照されたい。AFN（2005）, CAP（2005）二〇〇五年五月九日オタワでの、イヌイット・タピリット・カナタミの環境部門、全国イヌイット特別対話のコーディネーター、ソハ・クヌーンとの筆者のインタビュー。アンナ・スタンレーとの筆者のインタビュー。二〇〇五年一〇月一三日、オタワでの先住民族会議の職員No.2との筆者のインタビュー。

訳注

訳注1―オイルサンドとは、流動性をもたない高粘度の重質油を含む砂ないし砂質岩である。原油の軽質分が失われ、残渣分であるアスファルトが主成分となっていることからタールサンドともいい、通常の原油の生産方式では坑井から採取できない。露天掘りと油層内回収法によりオイルサンドからビチュメンとよばれる重質油分を回収、蒸留した後分解・水素化処理を加えて合成原油を生産する。カナダは世界で最大のオイルサンド資源国である。埋蔵量は膨大ではあるが在来型原油にくらべ開発・生産コストが高い。大規模な露天掘りによる広大な森林ならびに湿地帯の生態系の破壊、大量の地下水汲み上げによる地下水の枯渇、原油抽出過程で出る廃水を貯めた人工貯水池から浸出する有毒物質による川や地下水系の汚染が懸念されている。大量の温室効果ガス（通常の原油の三倍）の排出という問題もあり、オイルサンドには「汚い石油」の別名がある。（安田利枝）

訳注2―本書では、futurityが、現在の意思決定のあり方を規定する重要な要因の一つとしてとり扱われている。その含意は、将来の世代の存在が予測されるゆえに、将来の世代の利害という要因をどのように考慮するべきかという問題が存在することである。futurityという言葉は、「将来ということ」「将来性」とも訳しうるが、自然な訳文となることを重視して、本書では「将来の状況」と訳した。（舩橋晴俊）

訳注3―通常、哲学的、社会科学的文献において、the goodは、「善」と訳されることが多い。また「善さ」の訳例もある。だが、「善」という言葉は、人間の行為の評価に結びついたニュアンスがあり、本書で使われる

the good より意味が狭く限定されている感がある。これに対して本書では、the good の含意は、人々の欲求を充足させるもの、人々の福祉を実現するのに役立つもの一般を指しているので、「良さ」と訳した。（舩橋晴俊）

訳注4—科学的な仮説を立てて検証するときに出会う二種類の誤り。第一種過誤（Type I error：α過誤、偽陽性ともよぶ）は、帰無仮説が実際には真であるのに棄却してしまう過誤のこと。統計的に有意でないのに有意な差があると観測される場合に発生する。たとえば、本当は無実のA氏を、犯人ではないとする帰無仮説を棄却して、A氏を有罪にすること。第二種過誤（Type II error：β過誤、偽陰性ともよぶ）は、帰無仮説が誤っているのに、帰無仮説を採択してしまう過誤のこと。たとえば、本当は犯人であるB氏を、犯人ではないとする帰無仮説を採択して、B氏を無罪にすること。（小野田真二）

訳注5—マキシミンルールは、行為の結果が不確実な状況の下で、起こりうる最悪の事態に注意を向けさせ、ある選択肢の最悪の結果が、他の選択肢がもたらす最悪の結果よりも優れている場合に、その選択肢を選択する。マキシミンは最大の最小値（Maxmum minimorum）を意味する。期待効用ルールは、行為の結果が不確定な状況の下で、各選択肢の効用に確率を掛け合わせることにより算出される期待効用を最大化するように選択する。（小野田真二）

訳注6—たとえば、「すべてのカラスは黒い」を考えてほしい。この命題が真かどうかを知るには、目で見る感覚的な経験や、カラスのDNA解析などの科学的探究にもとづかなければならない。著者が指しているのはその種の命題であり、それは哲学ではアポステリオリな命題とよばれることも多い。他方、その真偽を知るのに特定の経験への参照が無用であるような命題は、アプリオリな命題とよばれることが多い。1＋1＝2がその例であるとされることもある。「アポステリオリ」とは「経験にもとづく」という意味で、命題の真偽を知る方法の点で「経験に先立つ」という意味の「アプリオリ」ないし「先験的」と対置される。つぎの訳注

も参照されたい。（北野安寿子）

訳注7――「カエサルがルビコン河を渡った」と「カエサルがルビコン河を渡らなかった」の二命題は、それだけで考えれば、どちらも可能で、「カエサルがルビコン河を渡った」はたまたま真理であると言える。そのため哲学では、これらの命題の真理は偶然的であり、これらは偶然的命題であるとされる。伝統的に、偶然的真理を〈事実の真理〉つまり世界についての真理と理解し、〈推論の真理〉と対置することが多い。著者は、偶然的真理とアポステリオリな真理を同一視し、アプリオリな真理（先験的真理）と対置しているが、偶然的真理には必然的真理を対置する哲学者も少なくない。（北野安寿子）

訳注8――中性子の減速および燃料の冷却にともに重水を使用する原子炉をいう。カナダが独自に開発した発電用重水炉である。カナダ国内で豊富に産出される天然ウランを濃縮せずに直接燃料として使用することができ、その特徴として、天然ウラン燃焼の効率性が高い、原子炉を停止せずに燃料交換をすることが可能で設備の稼働率が高いなどの点が挙げられる。（安田利枝）

訳注9――原子炉の炉心で使用される核燃料は、熱交換効率、安全性、とり扱いの便宜のために、一センチほどの円柱状の燃料ペレットから最終的に大きな燃料集合体（バンドル）に組み上げられる。核燃料を焼き固めた燃料ペレットが四メートルほどの長さの細い管に詰めこまれ、燃料棒とよばれる。この燃料棒を一定の間隔を保って正方格子状に配列し金属で固定した物が燃料集合体である。カナダでは使用済み核燃料の再処理をおこなわず、現在は発電所敷地内で乾式貯蔵コンテナか専用プールのいずれかで貯蔵している。（ATOMICA：カナダの放射性廃棄物管理、外国における高レベル放射性廃棄物の処分など）（安田利枝）

訳注10――二〇一〇年一二月の核廃棄物管理機構報告書「カナダの核燃料廃棄物見通し」（NWMO TR-2010―17）によれば、二〇一〇年六月までに蓄積されたカナダ型重水炉の燃料集合体数は二二〇万体（四万四〇〇〇 t-HM）、既存の原子炉の稼働により（三〇年間あるいは改築されてさらに三〇年間）使用済み核燃料集合体数は二八

〇万から五一〇万体（五万六〇〇〇t-HMから一〇万二〇〇〇t-HM）になると見積もられている。使用済み燃料集合体数は、カナダ型重水炉、加圧水型原子炉、沸騰水型原子炉など原子炉の型によって大きく異なる。（安田利枝）

訳注11―カナダは、一九七三年に閣議決定によって環境影響評価制度を導入した。その後法制度化が図られ、一九九二年に「カナダ環境影響評価法（CEAA）」が成立、一九九五年一月から施行された。評価方法には、対象事業により包括的環境影響評価、スクリーニング式環境影響評価（簡易アセス）、調停、審査委員会による審査の四種類がある。原子力施設および関連施設は、「対象リスト規制」に掲げられている包括的環境影響評価の対象である。とくに公衆の懸念が大きい事業については、主務官庁が審査委員会による審査を環境大臣に提言、環境大臣が高度の専門的知識、学識を有する専門家を個々の案件ごとに委員として任命、審査委員会（Review Panel）が、当該事業の環境影響評価を公平かつ客観的な方法で審査することになる。

公衆の関与に関して、カナダの環境影響評価制度はつぎの点で特色がある。スコーピング段階での公衆の関与を義務づけている、評価書等の関連文書・情報を公開する公開登録台帳がある、公衆の参加を促進するための参加者基金プログラムが設けられていることなどである。出典：環境省「諸外国の環境影響評価制度調査報告書　第2章カナダ」二〇〇五年。（安田利枝）

訳注12―スコーピングとは、一般に環境影響評価の方法、範囲等を確定する手続きをいい、カナダでは包括的調査の場合、環境影響評価をおこなう事業の範囲、環境影響評価において考慮されるべき要素、それらの要素の範囲、事業に関連する懸念事項の処理に関する包括的調査の有無の四点について公衆からの意見聴取がおこなわれる。出典：環境省「諸外国の環境影響評価制度調査報告書　第2章カナダ」二〇〇五年。（安田利枝）

訳注13―「先住民族会議（Assembly of First Nations）」は、カナダ全土の六三〇の先住諸民族を代表し政策提言をおこなっている組織である。条約にもとづく先住民の権利、教育、言語、経済・社会発展、土地、環境などの

課題にとり組み、自治権の実施を求めている。「カナダ核責任連合（Canadian Coalition for Nuclear Responsibility）」は、民生用、軍事用を問わずカナダの核エネルギーにかかわるすべての問題について教育と研究をおこなっている全国レベルの非営利団体である。「エネルギー調査会（Energy Probe）」は消費者および環境問題の研究チームであり、核エネルギーに反対し、資源の保全、経済効率、公益事業の効果的な規制にとり組んでいる。「教会間ウラニウム委員会（Inter-Church Uranium Committee）」は、ウランの採掘、精錬事業に反対する運動に始まり、キリスト教教会の枠のなかでそして同時に宗派を超えて核が人間と環境に及ぼす危険性について人々を啓発する活動を続けている。「ノースウォッチ（Northwatch）」は、オンタリオ州北東部の、エネルギー資源の利用・発電・保全、森林資源の保全、原生地の保護、廃棄物管理、水質保全、鉱業などの問題に幅広くとり組む環境団体、市民団体、諸個人からなる地域連合体である。「核啓発プロジェクト（Project for Nuclear Awareness）」は、核兵器および宇宙兵器の開発・実験・生産に反対し、核拡散防止条約、包括的核実験禁止条約など国際条約の強化を求める活動をおこなっている。「カナダ合同教会（United Church of Canada）」は、歴史的な会派の溝を越えて合同し、現在は三〇〇万人の信者、三五〇〇の集会を有するカナダ最大のプロテスタント宗派である。このほかカナダでは、グリーンピース・カナダ、カナダ・シエラクラブ、地球の友カナダ、原子力廃絶キャンペーン、パブリック・シチズンズなど国際的な環境保護団体の支部も数多く活動している。参考：各団体のホームページ。（安田利枝）

訳注14――核廃棄物管理機構では、二〇〇四年からe-dialogueとよばれるオンライン対話ツールを通して核燃料廃棄物管理について国民との対話を推進している。国民が各分野の専門家の議論を知り広く意見を交換し合う場としてオンライン・フォーラムがある。個別意見の閲覧と書き込みは会員制である。e-dialogueの参加者は約一万人であるという。出典：株式会社三菱総合研究所「平成二〇年度核燃料サイクル関係推進調整等委託費（地層処分概念理解促進事業）成果報告書」二〇〇九年三月。（安田利枝）

訳注15―カナダの適応性のある多段階型管理は、最終的に地質学上適切な地殻構造のなかに使用済み核燃料を封じ込め、隔離することを想定しているが、各段階の決定時点で事態の進展と結果に影響をもつことのできるかたちで公衆の参加が保証されている。浅地層貯蔵という選択肢が提供され、新しい知識、科学技術、変化していく社会の価値観や優先順位を組み込むことができる点で、「適応性のある」柔軟な管理方式であるとされている。より具体的な構想は以下の通りである。

第一段階（約三〇年間にわたる集中貯蔵管理の準備）：当面、発電所敷地内で使用済み核燃料を貯蔵、監視する。この期間を準備期間として、集中管理施設の立地選定手続きを策定し、集中浅地地下貯蔵施設、地下研究施設等の立地選定をおこない、安全評価および環境影響評価を実施していく。そして、浅地地下貯蔵施設の建設を進め使用済み核燃料を移送するかどうかを決定する。浅地地下施設を建設するという決定がなされた場合、施設の建設・操業許認可を求める。

第二段階（約三〇年間にわたる集中貯蔵施設での管理と技術の実証）：浅地地下施設を建設するとの決定がなされれば、使用済み核燃料の集中貯蔵施設への移送を開始する。浅地地下施設を建設しないとの決定がなされた場合には、深地層での保管庫が利用できるようになるまで発電所敷地内貯蔵を継続する。この間、立地と深地層保管技術の適切性を実証し確認する地下研究施設での研究と実験をおこなう。深地層保管の立地点、技術、定置時期を評価する過程に市民が関与する。いつの時点で長期的な封じ込めと隔離のための深地層保管庫を建設するかを決定し、保管庫の建設許可を得るため最終的な設計と安全評価を完成させる。

第三段階（六〇年を越える長期の封じ込め、隔離、監視）：集中浅地地下施設あるいは原子力発電所から操業許可を取得した深地層保管庫に使用済み燃料を移送し定置する。集中浅地地下施設を閉鎖し、将来世代が地下研究施設を閉鎖するのか、保管庫を閉鎖するのか、地上の施設を閉鎖するのか、閉鎖後どのような監視をおこなうのか等について決定をおこなうまで、監視を継続して、処分場へのアクセスと回収可能性を維持する。出典：NUMO, 2005, Choosing a Way Forward : the Future Management of Canada's Used Nuclear Fuel A Summary, Tront, Ontario.（安田利枝）

訳注16—核廃棄物の長期的とり扱いについては、active な方式と、passive な方式がある。本書では active な方式を「管理継続型」と訳し、passive な方式を「自然まかせ型」と訳した。管理継続型とは、本書でも説明されているように、将来において人為的介入ができること、とくに容易に廃棄物を回収できることを含意している。これに対して、自然まかせ型とは、いったん深地層に処分した後は、人為的介入をおこなうことは予定せず、天然バリアーにより人間社会と放射性廃棄物の遮断を期待する方式である。（舩橋晴俊）

訳注17—カナダの先住民は、二〇〇六年の国勢調査によると全人口の三・八パーセントを占める。カナダの憲法で認定されているのは、ファースト・ネイションズ（先住民族）、メティス（先住民と移民との混血）、そして北極圏等に住むイヌイットの三グループである。近年、世界各地の先住諸民族は、植民地時代や独立時に締結された条約や協定を根拠として、主権をもつ存在として認めよとの主張を強めている。カナダの先住民の政治組織にとっても憲法を改正してその自治権を認めさせることが重要な目標となっている。

国際社会には先住諸民族に国際法上の主体性を認めた歴史的な宣言がある。二〇〇七年九月に構想から三〇年を経て国際連合総会で決議された「先住民族の権利に関する国際連合宣言」がそれである。カナダ政府は、この宣言にオーストラリア、ニュージーランド、アメリカ合衆国などとともに、反対票を投じた。先住民に公民権を認め、さらに進んで、先住民族の土地に対する権利を許可あるいは認可しても、地中資源の所有は政府によって留保されている。この反対票は、鉱産物資源など自然資源の開発をめぐって先住諸民族との対立、紛争を抱えて、先住民諸民族に土地と資源についての利益分配以上の権限を認めることができないカナダ政府の立場を示したものといえる。参考：R・スタヴェンハーゲン著、加藤一夫監訳『エスニック問題と国際社会』御茶の水書房、一九九五年。（安田利枝）

監訳者あとがき

本書は、Genevieve Fuji Johnson, 2008, *Deliberative Democracy for the Future: the Case of Nuclear Waste Management in Canada*, University of Toronto Press Incorporated の全訳である。

原著者は、一九六八年生まれ。一九九五年にカナダのサイモン・フレイザー大学（Simon Fraser 大学）を卒業後、一九九七年にイギリスのロンドン・スクール・オブ・エコノミクスで政治理論の修士号を取得し、さらに二〇〇四年にカナダのトロント大学で政治学の博士号を取得している。現在は、カナダのサイモン・フレイザー大学の政治学部の准教授である。原著の外国語への翻訳は本訳書（日本語版）が初めてのものである。本書以外の単行本著作および主要な論文としては、以下のものがある。

・Genevieve Fuji Johnson and Randy Enomoto, eds., 2007, *Race, Racialization and Anti-Racism in Canada and Beyond*, University of Toronto Press.

・Genevieve Fuji Johnson, 2007, 'The Discourse of Democracy in Canadian Nuclear Waste Management Policy,' *Policy Sciences* 40(2): 79-99.

・Darrin Durant and Genevieve Fuji Johnson eds., 2009, *Nuclear Waste Management in Canada: Critical Issues, Critical Perspectives*, UBC Press.
・Genevieve Fuji Johnson, 2009, 'Deliberative Democratic Practices in Canada: An Analysis of Institutional Empowerment in Three Cases,' *Canadian Journal of Political Science* 42(3): 679-703.

本書の主題と内容

本書は、現代社会におけるもっとも深刻な政策的課題であり、社会問題でもある高レベル放射性廃棄物問題を、カナダにおける政策決定過程の事例研究に依拠して、熟議民主主義の可能性を探るという視点から考察したものである。

まず、本書の構成と各章の主題と中心的な論点の概要を紹介しておこう。

第1章では、本書の問題関心と各章の主題が提示される。現代社会には、原子力発電に代表的に見られるように、現代社会のニーズに対処しようとする政策が、核廃棄物問題というかたちで遠い将来にわたって深刻な被害の危険を引き起こしている。そのような問題に対して、どのようにとり組んだらよいのだろうか。

第2章は、「倫理的政策分析とその重要性」を主題とする。リスク、不確実性、将来世代との関係が問題化するような政策的課題には、倫理的政策分析（ethical policy analysis）が必要かつ重要である。そのような政策課題は、経済性や効率性に注目する費用便益分析の系列の手法だけでは適切に対処できないのであり、人々の平等、自由、自律性を尊重し、正義（justice）と正統性（legitimacy）を主題化する倫理的政策分析が必要である。

第3章は、二〇〇七年までを対象にして「カナダの核廃棄物管理政策」の歴史が、原子力政策の推進派と批判派という「二つの陣営間の論争」を軸にして記述される。カナダは一九六二年以来、原子力エネルギーの利用をおこなっている。核廃棄物管理政策については、一九九〇年代になって、原子力開発の担い手主体以外の多様な利害関係者と公衆が関与するかたちで、活発な政策論争がおこなわれるようになり、二〇〇五年には核廃棄物管理機構（NWMO）によって「適応性のある多段階型アプローチ」が提起されるに至った。本書における熟議民主主義についての考察を支える素材として、「国民協議」の過程における活発な政策論争をふりかえる。

第4章は、カナダにおいて「核廃棄物管理政策で問われた倫理的諸問題」はどのようなものであったのかを検討する。倫理的諸問題を論ずるに際して、将来世代に対する責任と義務、安全性とリスク、負担と受益、包摂とエンパワメント、説明責任と監視が鍵概念となったのであり、これらの概念を軸にして論争が展開された。これらの論争の答えは、倫理的政策分析の根本的要素である「道徳上の地位」（moral standing）、「良さ」（the good）、「正義」、「正統性」についての概念解釈を通して探究されるべきである。

第5章は、有力な三つの倫理学理論、すなわち「福祉功利主義」（welfare utilitarism）、「現代義務論」（modern deontology）、「熟議民主主義」（deliberative democracy）が、第4章で検討されたような倫理的諸問題を内包する核廃棄物問題に対して、どのようにとり組みうるのかが詳細に検討される。福祉功利主義と現代義務論の長所と弱点を検討すると、これら二つの理論は、「政策の熟議において現在と将来の人々を包摂することを合理的だとする道徳上の地位の根拠」「現在世代と将来世代の両者に言及する、良さについての理論」「現在世代と将来世代の両者に適用可能な正義という概念の捉え方」といった諸課題についてはは解答を提出しうる。けれども、「政策決定者と彼らの決定により拘束されたり、影響を受ける現在と将来の人々のあいだの関係を、正統なものとさせるような実質的、手続き的な基準」については十分な解答を提供しない。これに対して、熟議民主主義は、これら四つの課題に同時に解答を与えうるのであり、とくに公共政策の決定における正義と正統性をよりよく保証しうるのである。

第6章は、結論の章として、カナダの核廃棄物管理政策の展開をふまえて、公共政策における熟議民主主義の可能性と問題点を検討する。この事例は、熟議民主主義の原則の適用が価値あるものであるのみならず可能であることを示している。だが、対立する二つの陣営の間に、どのような点では合意が形成できなかったのかを、包摂（inclusion）、相互尊重性（reciprocity）、予防（precaution）といった視点から考察する必要がある。カナダにおける核廃棄物管理をめぐって、安全性や長期的管理や民主的参加の重要性についてはは一定の合意がなされたけれども、原子力エネルギーの役割そのものについては、批判派と推進派との間に合意は形成されておらず、そのことが核廃棄物管理システムの受け入れ可能性についても根強い対立を帰結している。熟議民主主義の可能性は、究極的には、支配的な諸主体の意思によって左右されるという点が重要であり、このことをさらに問わねばならない。

本書の社会的背景

以上のような主題をとり扱う本書は、エネルギー政策としての原子力への依存の是非を直接的に論じているわけではない。本書の主題は、原子力発電が必然的に生みだす核廃棄物への対処という現代社会の抱える最大級の難問に対して、熟議民主主義の原理に立脚したときに、どのようなとり組みの可能性が開け、またどのような問題点が立ち現われるのかを検討している。そのような本書の研究が可能になった背景には、カナダにおける原子力政策の歴史があり、歴史的経過のなかで、多様な利害関係者の発言権を認めた多段階の議論の過程がある。

本書の第3章でも簡潔に記されているように、カナダにおける原子力発電は一九六二年に操業が開始された。だが、他の諸国と同様、その導入時に放射性廃棄物の処分問題について明確な解決策が確立されていたわけではなく、それに関心をもち、関与する主体も原子力開発に従事する人々に限られていた。一九七七年にエネルギー鉱山資源省は、高レベル放射性廃棄物の深地層処分の方針と、公衆の討議が関与するより民主主義的なとり組みの提唱という二つの論点を盛り込んだ報告書を公表した。以後、公衆の関与が積極化するかたちで政策過程が進行する。一九八九年にカナダ連邦政府環境省は、ブレア・シーボーンを議長とする「環境影響評価審査委員会」を任命し、核廃棄物に関する環境影響評価のとり組みが本格化する。シーボーン委員会が一九九二年三月に提出した環境影響評価のガイドラインに沿って、原子力公社は一九九四年一〇月に環境影響評価報告書を提出した。シーボーン委員会は、一九九六年三月から一九九七年三月まで、環境影響評価の公聴会を組織化し広範な立場の諸主体に意見表明の機会を与えたが、この過程はそれまで分散的であった批判派の諸組織の連携を促進するものであった。一九九八年に公表されたシーボーン委員会の報告書は「技術的な見地からは、原子力公社の処分構想の安全性は開発の構想段階としては全体として適切に証明されたが、社会的な見地からは証明されたとは言えない」と述べ、さらなる国民的協議と合意形成のための努力を促すものであった。

二〇〇二年一一月には核燃料廃棄物法が施行され、同法にもとづいて、核廃棄物管理の実施主体として、核燃料廃棄物管理機構（NWMO）が設置された。同機構は、三年間四段階（対話、広報集会、世論調査、電子対話）からなる国民協議の過程を開始した。この過程には熟議民主主義への志向性が見られる。NWMOは、二〇〇四年九月の中間的報告書「選択肢についての理解」を経て、二〇〇五年一一月に最終報告書「進むべき道の選択」を提出し、そのなかで「適応性のある多段階型管理」（Adaptive Phased Management）を提案する。「適応性のある多段階型管理」とは、高レベル放射性廃棄物の原発敷地内貯蔵（最初の約三〇年間）、浅地地層への集中貯蔵（つぎの約三〇年間）、長期間にわたる時間の枠組みで実施される深地層処分（六〇年目以降）の三段階からなるものである。この政策は、「一歩一歩ずつの」公共的意思決定過程、継続的監視、廃棄物の回収可能性を組み込んでおり、柔軟性を備え、将来世代に一定の選択肢を提供するものである。カナダ連邦政府は、二〇〇七年六月に、この勧告を正式に承認し、「適応性のある多段階型管理」を政策として採用する。本書で記述されているのは、ここまでの経過であるが、その後、NWMOは、二〇一〇年五月に、浅地集中貯蔵と深地層処分の処分地の選定手順の計画を公表している。

本書の意義

本書は、哲学・倫理学という人文科学的考察と、実証的な政治学的視点が統合されており、非常にすぐれた学際的研究と評価しうるものであり、カナダにおける政策科学的研究の水準を示すものとなっている。

本書を現在の日本社会に翻訳を通して紹介することは、いくつもの点で積極的な意義があると考える。第一に、本書は「倫理的政策分析」を提唱する点で、日本の政策科学に対する革新的な問題提起をおこなっている。「倫理的政策分析」という言葉自体、日本ではあまりなじみがない。注目するべきは、倫理的政策分析の要請される文脈と、その内容を支える具体的な諸視点である。一般に政策過程においてはさまざまな利害集団間の利害調整が課題になる。その際、どのような政策選択が望ましいものなのかを根拠づけようとする実践的・理論的文脈において、倫理的政策分析が要請される。公共政策は、人々への強制力をともなうものであり、それだけに政策決定における正統性が必要である。ところが、多くの政策の根底には、価値対立と価値選択の問題が存在している。この問題を解決するには、公共政策における正義と正統性の実現が要請される。その含意は、人々の自由と平等と自律性を尊重すること、価値と利害の対立に際して、人々の基本的権利と利害関心を道理に沿いつつ保護しながら、人々にとって受容可能なかたちで解決することである。倫理的政策分析は、経済性や効率性を鍵概念とする費用便益分析や、その変奏としてのリスク費用便益分析というかたちの政策分析の不十分さを明らかにし、それらを相対化する。著者によれば、リスクや不確実性や将来世代の利害を考慮に入れなければならない政策課題へのとり組みには、費用便益分析だけでは不十分であり、とくに倫理的政策分析が必要なのである。

第二に、本書は倫理的政策分析を支え、根拠づける可能性を有する有力な倫理学諸理論のなかでも、「熟議民主主義」こそが、もっとも有力であるということを積極的に提起している。倫理的政策分析は、政策の形成、実施、評価にかかわる人々に具体的で明確な指針を与えるものでなければならない。そのような倫理的政策分析は、なんらかの倫理学理論による根拠づけを要請するが、筆者によれば、福祉功利主義と現代義務論との対比において、熟議民主主義こそ、もっとも優位に立つものである。その理由は、政策決定における正統性の確保を熟議民主主義のみがなしうることである。注目すべきは、カナダにおいて、熟議民主主義を志向した実践的とり組みが、核廃棄物政策の形成の過程で、二〇〇二年から二〇〇四年にかけて、「国民協議」というかたちでなされたことである。そのような具体的政策過程に即して、熟議民主主義の可能性と問題点を検討している点で、本書は高度に示唆的である。

第三に、二〇一一年三月一一日に発生した東日本大震災に対するとり組みという点においてである。東日本大震災は、未曾有の地震と津波に加えて、原発震災が被害を増幅し、危険が永続しているという点で、世界的にも日本においても先例のない大災害である。この原発震災は人災であるとは多くの人の指摘するところであり、原子力の安全神話は完全に崩壊した。ことここに至った日本の政策決定過程について、その欠陥を解明するとともに、エネルギー政策とりわけ原発政策の根本的見直しが必要である。そのためには、広範な国民が関与するかたちでの原子力についての徹底的で継続的な話し合いが必要である。そのような日本の状況にとって、熟議民主主義的な討議のくり返しによって、核廃棄物問題に対処しようとしてきたカナダの経験と、熟議民主主義の原理の積極的可能性を明らかにしている本書の考察は、豊富な教示に富むものである。

第四に、高レベル放射性廃棄物問題へのとり組みにおける本質的選択肢が何かということについて、本書はきわめて示唆的である。カナダにおける核廃棄物政策の決定過程は、同様の課題を抱えつつ混迷したままの日本の政策決定過程と対比してみると、はるかに熟議民主主義的であり、その結果、カナダの核廃棄物管理機構（NWMO）が提起した「適応性のある多段階型アプローチ」は国際的にも注目されるものとなっている。だが、そのようなカナダにおける論議の積み重ねにもかかわらず、このアプローチに対して、カナダの原子力批判派は納得しているわけではない。その根拠は、本書第6章で記されているように、批判派にとっての最重要の問題である原子力発電そのものの可否という課題を、正面からとり上げることが回避されていることである。カナダにおいては、原子力発電の推進という大局的方針を枠組みとして、その前提のもとで、核廃棄物管理についての国民協議による合意形成が目指された。だが、不一致は残ったままである。このような事態の示唆するのは、核廃棄物管理という個別的政策についての合意形成の可能性は、原子力発電をめぐる大局的方針についての合意の存否に大きく影響されるということである。現在の日本の状況に照らせば、脱原発を柱にした総合的エネルギー政策についての合意形成と、脱原発による核廃棄物の総量管理、総量の増加の速やかな抑制という大局的方針が存在しないかぎり、核廃棄物の処分方法のみを断片的にとり出したかたちでの合意形成は、とうてい不可能であろうと思われる。

少なくとも以上の四点において、本書は、日本における原子力政策、とりわけ核廃棄物問題（その中心は高レベル放射性廃棄物問題である）に対して、さまざまな示唆を提供するものであるが、日本とカナダにおける核廃棄物問題をめぐる事情の相異についても、付記しておきたい。第一に、日本の原子力政策は核燃料サイクル政策を採用しており、再処理工場において使用済み核燃料を再処理し、プルトニウムを抽出した後に生みだされるガラス固化体というかたちでの高レベル放射性廃棄物が問題になる。これに対して、カナダは再処理をおこなわないので、使用済み核燃料の直接処分といういうかたちで核廃棄物の処分が問題化している。第二に、日本では地震という要因が、高レベル放射性廃棄物の地層処分を論じる際に大きな争点となるが、カナダの核廃棄物問題においては地震という主題は登場しない。第三に、カナダにおいては、先住民族が批判派を形成する重要な主体となっているが、これまでの日本の放射性廃棄物問題では、そのような主体が大きな位置を占めることはなかった。両国の核廃棄物問題には、このような相異があることを確認しておきたい。

翻訳作業の分担と過程

本書の翻訳は、二〇〇九年八月に発足した法政大学サステイナビリティ研究教育機構（略称、サス研）

における翻訳プロジェクトの最初の結実という意義を有する。本翻訳は以下に示すような分担で実施されたが、そのうち西谷内、北野、森久、宇田の四名はサス研のリサーチ・アシスタント（RA）である。それに加えて、本書は法政大学大学院政策科学研究科博士後期課程における二〇一〇年度のゼミ「環境政策特殊研究」（担当教員は舩橋）のテキストの一つとして使用されたという事情があり、このゼミに参加していた院生諸氏が翻訳作業に加わっている。

各章ごとの訳出担当者は以下の通りである。

謝辞・日本語版への序文　西谷内博美

第1章　小野田真二

第2章　小野田真二

第3章　安田利枝

第4章　宇田和子

第5章　北野安寿子（原著五五－七八頁の前半）、森久聡（原著七九－九四頁の後半）

第6章　安田利枝（原著九五－一〇三頁の前半）、北野安寿子（原著一〇三－一一一頁の後半）

これらの訳出担当者が第一次訳稿を作成した。それを相互に交換して点検して改善を加え、第二次訳稿を作成した。併行して鍵概念については、先行訳業について参照するとともに、候補となる訳語を複数考え、何回も意見交換を重ねた。意見交換の過程には、博士課程ゼミに参加していた中丸進、仲田秀、斎藤さやか、高喩の諸氏と、サス研ＲＡの長谷川真司氏も協力してくれた。

第二次訳稿作成後その全訳文を、監訳者の一人の舩橋が原文に照らして点検し適正な訳文になるように必要な修正を施し、再検討するべき多数の論点を指摘し、第三次訳稿を作成した。その全体を再度、各章担当者が点検し、監訳者とともに総合的編集会議を開いて問題点についての検討をおこない最終稿を作成した。さらにその後、最終稿に対する新泉社からのコメントを受けて、監訳者二名と安田により、訳文の最終的な改善のための検討をくり返しおこなった。

第一次訳稿から第三次訳稿、最終稿にいたる諸作業の全体的な調整と、鍵概念の訳語候補や難解な文章についてのデータ整理、スケジュール管理、難解箇所の原著者への問いあわせなどは、監訳者の一人である西谷内が一手に担当した。また、最終段階で、読者の理解の便宜のために、いくつかの語について訳注を作成した。同様に、第5章は倫理学説にかかわる専門的な内容なので、原著には存在しない項レベルの小見出しを、本訳書に独自に付与することにし、その作業を主として北野が担当した。このようにして、本訳書の内容の洗練と完成は、各章を担当したこれら参加者すべての努力に負うものである。

謝辞

本書の翻訳という課題に、法政大学サステイナビリティ研究教育機構の翻訳プロジェクトの一つとして着手したのは二〇一〇年一一月であった。

カナダ社会に登場する固有名詞と原子力にかかわる専門語、さらに哲学・倫理学にかかわる専門語を含む本書の翻訳作業はいくつかの難所を有するものであった。翻訳語の選定と訳文の改善に際しては、翻訳者グループのなかでの熟議をくり返したが、とくに哲学・倫理学の専門用語の解釈に際しては、北野を通して、東京大学の今村健一郎氏と竹内聖一氏からの教示を受けた。両氏の教示に厚くお礼申しあげたい。もちろん、最終的な訳語の選択は監訳者の判断によってなされているので、訳語上の問題点がある場合の責任は監訳者に帰属する。

本訳業がきわめて短期間で完了したのは、上述のような全参加者の奮闘によるものである。そのような集中的努力を加速した背景としては、翻訳作業が進行中の二〇一一年三月一一日に東日本大震災が発生したこと、とりわけ福島原発の深刻な事故が、日本における原子力政策の根本的見直しを迫っているという事情がある。三月一一日以後、東日本全体を覆った衝撃と不安感と緊張感のなかで、本書が、福島原発震災後の日本社会にとって必要な書であることを確信しつつ、当グループの作業も続けられた。

そのような状況にもかかわらず、精力的に翻訳にとり組んだすべての参加者に深甚なる感謝の気持ちを表したい。とくに、監訳者の一人の西谷内博美氏が、サス研翻訳プロジェクトメンバーとして作業の調整ととりまとめを担当し、献身的でねばり強い努力を続けたからこそ、短期間での本書の完成が可能になったと考えている。原著者のジュヌヴィエーヴ・フジ・ジョンソン氏は、日本語版への序文を寄せていただくとともに、訳者チームからの疑問点にていねいに答えていただき、氏の好意はたいへんありがたかった。同氏の母方の親族は、カナダに移民した日系カナダ人であり、同氏の労作の初めての外国語訳が日本語であることに、訳者として感慨を抱かずにはいられない。また、新泉社の竹内将彦氏には、本書の企画実現のために頻繁に開催される編集会議に毎回参加され、書物としての成熟のために数多くの助言をしていただいた。そのような助力はとてもありがたく、深く感謝したい。

本訳書の上梓にあたり、本書がこれからの日本社会で継続されるべき「原子力政策をめぐる熟議」の促進に寄与することを、深く願うものである。

二〇一一年六月一四日

舩橋晴俊

Wiles, Anne, 1994, 'Analysis of Ethical Assumptions underlying Positions of Pro-and Anti-Nuclear Intervenors to EARP Review Scoping Hearings' (13 May). Hull: CEAA.

Wiles, Anne, 1996a, 'Participants' Views on Broad Social Issues Related to Nuclear Fuel Waste Management.' Prepared for the Nuclear Fuel Waste Management and Disposal Concept Environmental Assessment Panel. Hull: CEAA.

Wiles, Anne, 1996b, 'Evaluation of the Process Innovations used in Phase I Hearings on Broad Societal Issues.' Prepared for the Nuclear Fuel Waste Management and Disposal Concept Environmental Assessment Panel. Hull: CEAA.

Wilson, Lois, 2001, 'Oral Submission to Standing Committee on Aboriginal Affairs, Northern Development and Natural Resources Hearings on Bill C-27.' www.parl.gc.ca/InfoComDoc/37/1/AANR/Meetings/Evidence/ aanre28-e.htm.

ing the Mystery. Second Session of the 33rd Parliament, 87-88.

Stanley, Anna, Richard Kuhn, and Brenda Murphy, 2005, *Response to NWMO's Draft Study Report: Choosing a Way Forward.* Submission to NWMO national consultation process. Toronto: NWMO.

Stratos, 2005a, Dialogue on Choosing a Way Forward: The NWMO Draft Study Report: *Summary Report.* Toronto: NWMO.

Stratos, 2005b, *Facilitator's Report on NWMO Workshop on the Nature of the Hazard of Used Nuclear Fuel.* Toronto: NWMO.

Torgerson, David, 2002, 'Oral Submission to Standing Senate Committee on Energy, the Environment, and Natural Resources.' www.parl.gc.ca/InfoComDoc/37/l/AANR/Meetings/Evidence/aanre28-e.htm.

Trudeau Foundation and Sierra Club of Canada, 2005, 'Roundtable Discussion on Nuclear Waste Management.' Toronto: TF and SCC.

United Church of Canada, 1996, 'A Submission from the United Church of Canada Program Unit on Peace, Environment and Rural Life Division of Mission in Canada to the Public Hearings of the Canadian Environmental Assessment Panel Reviewing the Nuclear Fuel Waste Management and Disposal Concept.' Hull: CEAA.

United Church of Canada, Justice, Global and Ecumenical Relations Unit, 2004, *Submission One: United Church of Canada General Comments on Nuclear Wastes and the Work of the Nuclear Waste Management Organization.* Toronto: United Church of Canada.

United Church of Canada, Justice, Global and Ecumenical Relations Unit, 2005a, *Comments of the United Church of Canada to the Nuclear Waste Management Organization on the Draft Study Report.* Toronto: United Church of Canada.

United Church of Canada, Justice, Global and Ecumenical Relations Unit, 2005b, *The Response of the United Church of Canada to the Nuclear Waste Management Organization Final Report.* Toronto: United Church of Canada.

United Church of Canada, Justice, Global and Ecumenical Relations Unit, 2005c, *Submission Two: Commentary on a United Church of Canada Ethical Lens for Viewing the Problem of Nuclear Wastes.* Toronto: United Church of Canada.

United Nations, 1992, *Agenda 21: The UN Programme of Action from Rio.* New York: United Nations.

Watling, Judy, Judith Maxwell, Nandini Saxena, and Suzanne Taschereau, 2004, *Responsible Action: Citizens' Dialogue on the Long-term Management of Used Nuclear Fuel.* Research Report P/04 Public Involvement Network. Ottawa: Canadian Policy Research Networks.

Management of Canada's Used Nuclear Fuel: Draft Study Report. Toronto: NWMO.
Nuclear Waste Management Organization, 2005b, *Choosing a Way Forward: The Future Management of Canada's Used Nuclear Fuel. Final Study Report.* Toronto: NWMO.
Nuclear Waste Watch, 1997, 'Closing Statement.' Hull: CEAA.
Nuclear Waste Watch, 2004, *Position Statement.* Toronto: Ontario Hydro.
Pollara, 2004, *Public Attitudes Regarding the Management of Nuclear Waste in Canada.* Toronto: NWMO.
Pauktuutit Inuit Women's Association, 2004, *Managing Canada's Radioactive Waste.* Ottawa: PIWA.
Saskatchewan Environmental Society, 1996, 'Environmental Impact Assessment, Nuclear Waste Disposal Concept.' Hull: CEAA.
Shoesmith, David, and Les Shemilt, 2003, *Workshop on the Technical Aspects of Nuclear Fuel Waste Management: Executive Summary.* NWMO Background Papers and Workshop Reports. Toronto: NWMO.
Sigurdson, Glenn, CSE Consulting, and Barry Stuart, 2003, *Community Dialogue: A Planning Workshop.* NWMO Background Papers and Workshop Reports. Toronto: NWMO.
Standing Committee on Aboriginal Affairs, Northern Development and Natural Resources, 2001a, Evidence, recorded by electronic apparatus. (1 November). www.parl.gc.ca/InfoComDoc/37/l/AANR/Meetings/Evidence/aanrev27-e/htm.
Standing Committee on Aboriginal Affairs, Northern Development and Natural Resources, 2001b, Evidence, recorded by electronic apparatus. (6 November). www.parl.gc.ca/InfoComDoc/37/1/AANR/Meetings/Evidence/aanrev28-e/htm.
Standing Committee on Aboriginal Affairs, Northern Development and Natural Resources, 2001c, Evidence, recorded by electronic apparatus. (8 November). www.parl.gc.ca/InfoComDoc/37/1/AANR/Meetings/Evidence/aanrev29-e/htm.
Standing Committee on Aboriginal Affairs, Northern Development and Natural Resources, 2001d, Evidence, recorded by electronic apparatus. (8 November). www.parl.gc.ca/InfoComDoc/37/l/AANR/Meetings/Evidence/aanrev30-e/htm.
Standing Committee on Aboriginal Affairs, Northern Development and Natural Resources, 2001e, Evidence, recorded by electronic apparatus. (20 November). www.parl.gc.ca/InfoComDoc/37/l/AANR/Meetings/Evidence/aanrev31-e/htm.
Standing Committee on Aboriginal Affairs, Northern Development and Natural Resources, 2001f, Evidence, recorded by electronic apparatus. (20 November). www.parl.gc.ca/InfoComDoc/37/1/AANR/Meetings/Evidence/aanrev32-e/htm.
Standing Committee on Energy, Mines, and Resources, 1986, *Nuclear Energy: Unmask-*

Navigator, 2003b, *Report on Discussion Group Findings.* Toronto: NWMO, 2003.

Northumberland Environmental Protection, 1996a, 'The Prevailing Uncertainty of Nuclear Waste Burial in Rock.' Hull: CEAA.

Northumberland Environmental Protection, 1996b, 'A Response to AECL's Environmental Impact Statement.' Hull: CEAA.

Northwatch, 1996a, 'Site Characterization and Site Evaluation: Comment on Atomic Energy of Canada Limited's Nuclear Fuel Waste Management and Disposal Concept.' Hull: CEAA.

Northwatch, 1996b, 'The Social Equity Aspects of Siting: Comment on Atomic Energy of Canada Limited's Nuclear Fuel Waste Management and Disposal Concept.' Hull: CEAA.

Nuclear Energy Agency of the Organisation for Economic Co-operation and Development, 1977, *Objectives, Concepts, and Strategies for the Management of Radioactive Waste Arising from Nuclear Power Programmes.* Paris: NEA/OE CD.

Nuclear Energy Agency of the Organisation for Economic Co-operation and Development, 1982, *Disposal of Radioactive Waste: An overview of the principles.* Paris: NEA/OECD.

Nuclear Energy Agency of the Organisation for Economic Co-operation and Development, 2000, *Nuclear Energy in a Sustainable Development Perspective.* Paris: NEA/OECD.

Nuclear Energy Agency of the Organisation for Economic Co-operation and Development, 2002, *'Sustainable Development.'* http://www.nea.fr/html/sd/ welcome.html.

Nuclear Waste Management Organization, 2003a, *Asking the Right Questions? The Future Management of Canada's Used Nuclear Fuel: Discussion Document One.* Toronto: NWMO.

Nuclear Waste Management Organization, 2003b, *From Dialogue to Decision: Managing Canada's Nuclear Fuel Waste Annual Report 2002.* Toronto: NWMO.

Nuclear Waste Management Organization, 2004a, *Assessing the Options: The Future Management of Used Nuclear Fuel in Canada: Assessment Team Report.* Toronto: NWMO.

Nuclear Waste Management Organization, 2004b, *Ethical and Social Framework.* NWMO Background Papers and Workshop Reports. Toronto: NWMO.

Nuclear Waste Management Organization, 2004c, *Understanding the Choices: The Future Management of Canada's Used Nuclear Fuel: Discussion Document Two.* Toronto: NWMO.

Nuclear Waste Management Organization, 2005a, *Choosing a Way Forward: The Future*

Hardy Stevenson and Associates Limited, 2005b, *NWMO Community Dialogue Workshop on Discussion Document Two: Final Report.* Toronto: NWMO.

International Atomic Energy Agency, 1989, *Safety Principles and Technical Criteria for the Underground Disposal of High Level Radioactive Wastes.* IAEA Safety Series, no. 99. Vienna: IAEA.

International Committee on Radiological Protection, 1997, 'Recommendations of the ICRP.' *Annals of the ICRP* 1 (no. 26), Oxford.

Inuit Tapiriit Kanatami (ITK), 2005, *Final Report on the National Inuit-Specific Dialogues on the Long-Term Management of Nuclear Fuel Waste in Canada.* Ottawa: ITK.

Janes, Gracia, 2005, 'Comments on the NWMO Draft Management Plan for Nuclear Waste.' Ottawa: National Council of Women of Canada.

Joanne Barnaby Consulting, 2003, *Drawing on Aboriginal Wisdom: A Report on the Traditional Knowledge Workshop.* NWMO Background Papers and Workshop Reports. Toronto: NWMO.

Kamps, Kevin, 2005, 'Submission of Comments to Canadian Nuclear Waste Management Organization Regarding Its "Choosing a Way Forward: Draft Study Report."' Washington, DC: Nuclear Information and Resource Service.

Keddy, Gerald, 2001, 'Oral Submission to Standing Committee on Aboriginal Affairs, Northern Development and Natural Resources hearings on Bill C-27.' www.parl.gc.ca/InfoComDoc/37/1/AANR/Meetings/Evidence/aanre28-e.htm.

King, Clynt, member of the Mississaugas of the New Credit First Nation Anishinabe Nation, Three Fires Confederacy, 1997, 'Closing Statements.' Hull: CEAA.

Kock, Irene, Sierra Club of Canada, 2001, 'Oral Submission to Standing Committee on Aboriginal Affairs, Northern Development and Natural Resources.' www.parl.gc.ca/InfoComDoc/37/1 /AANR/Meetings/Evidence/aanrev28-e.htm.

Lloyd, Brennain, 2001, 'Oral Submission to Standing Committee on Aboriginal Affairs, Northern Development and Natural Resources hearings on Bill C-27.' www.parl.gc.ca/InfoComDoc/37/1/AANR/Meetings/ Evidence/aanre28-e.htm.

Métis National Council, 2005, *Annual Progress Report for the Period 2004-2005,* submitted to Natural Resources Canada, Uranium and Radioactive Waste Division, Ottawa.

Native Women's Association of Canada (NWAC), 2005, *National Consultation on Nuclear Fuel Waste Management.* Ottawa: NWAC.

Navigator, 2003a, *Public Attitudes to Nuclear Waste and the NWMO Project.* Toronto. NWMO.

ronto: NWMO.

Chatters, David, 2001, 'Oral Submission to Standing Committee on Aboriginal Affairs, Northern Development and Natural Resources hearings on Bill C-27. www.parl.gc.ca/InfoComDoc/37/1 /AANR/Meetings/Evidence/ aanre28-e.htm.

Coleman, Bright Associates and Patterson Consulting, 2003, *Development of the Environmental Component of the NWMO Analytical Framework.* NWMO Background Papers and Workshop Reports. Toronto: NWMO.

Comartin, Joe, 2001, 'Oral Submission to Standing Committee on Aboriginal Affairs, Northern Development and Natural Resources Hearings on Bill C-27/ www.parl.gc.ca/InfoComDoc/37/1 /AANR/Meetings/ Evidence/ aanre28-e.htm.

Concerned Citizens of Manitoba, 1996, 'The High-Level Radioactive Waste Disposal Concept: Socio-economic Impacts of Disposal Facility: Exploration, Construction, Operation, Transport, Closure, Decommissioning.' Hull: CEAA.

Congress of Aboriginal Peoples (CAP), 2005, *Summary of Key Observations Regarding NWMO Discussion Document 2* Understanding the Choices. Ottawa: CAP.

Coon Come, Grand Chief Matthew, 2001, 'Oral Submission to Standing Committee on Aboriginal Affairs, Northern Development and Natural Resources.' www.parl.gc.ca/InfoComDoc/37/1/AANR/Meetings/Evidence/aanrev28-e.htm.

Dicerni, Richard, 2002, 'Oral Submission to Standing Senate Committee on Energy, the Environment, and Natural Resources.' www.parl.gc.ca/InfoComDoc/37/1/AANR/Meetings/Evidence/aanre28-e.htm.

DPRA Canada, 2004a, *Durham Nuclear Health Committee NWMO Dialogue on the Future of Canada's Used Nuclear Fuel.* Toronto: NWMO.

DPRA Canada, 2004b, *Final Report: National Stakeholders and Regional Dialogue Sessions.* Toronto: NWMO.

DPRA Canada, 2004c, *Nuclear Waste Management Organization - The Future of Canada's Used Nuclear Fuel: International Youth Nuclear Congress Round Table.* Toronto: NWMO.

Fox, Grand Chief Charles, 1996, Nishnawbe-Aski Nation, 'Presentation.' Hull: CEAA.

Global Business Network, 2003, *Looking Forward to Learn: Future Scenarios for Testing Different Approaches to Managing Used Nuclear Fuel in Canada.* NWMO Background Papers and Workshop Reports. Toronto: NWMO.

Guild, Will, Ron Lehr, and Dennis Thomas, 2004, 'Nova Scotia Power, Customer Energy Forum: Summary of Results.' Halifax: Nova Scotia Power.

Hardy Stevenson and Associates Limited, 2005a, *Final Report: National Stakeholders and Regional Dialogue Sessions.* Toronto: NWMO.

Organization. Toronto: NWMO.
Advisory Council to the Nuclear Waste Management Organization, 2005, *Comments on the NWMO Study.* Toronto: NWMO.
Aikin, A.M., J.M. Harrison, and F.K. Hare, 1977, *The Management of Canada's Nuclear Wastes: Report of a Study Prepared under Contract for the Minister of Energy, Mines and Resources Canada.* Ottawa: Government of Canada.
Assembly of First Nations, 2005a, *Nuclear Fuel Waste Dialogue: Phase II Progress Report.* Ottawa: AFN.
Assembly of First Nations, 2005b, *Nuclear Fuel Waste Dialogue: Phase II Regional Forums Summary Report,* submitted to the NWMO. Ottawa: AFN.
Assembly of Manitoba Chiefs, Assembly of First Nations of Quebec and Labrador, and Grand Council of the Crees (Eenou Estchee), 1997, 'Summary Final Submission to the Environmental Assessment of the Atomic Energy of Canada Limited High Level Nuclear Waste Disposal Concept.' Hull: CEAA.
Atomic Energy of Canada Limited (AECL), 1994, *Environmental Impact Statement on the Concept for Disposal of Canada's Nuclear Fuel Waste.* Chalk River: AECL.
Atomic Energy of Canada Limited (AECL), 1997, 'Closing Statement to the Environmental Assessment Panel Reviewing the Nuclear Fuel Waste Management and Disposal Concept.' Hull: CEAA.
Atomic Energy Control Board, 1987, *Regulatory Objectives, Requirements and Guidelines for the Disposal of Radioactive Wastes: Long-Term Aspects.* Regulatory Document R-104. Ottawa: AECB.
Berger, Thomas, 2005, *Comments on NWMO's Consultation Process.* Toronto: NWMO.
Brown, Peter, 1996, 'Presentation to Nuclear Fuel Waste Management and Disposal Concept Environmental Assessment Panel.' Hull: CEAA.
Canadian Coalition for Ecology, Ethics, and Religion (CCEER), 1996, 'A Report to the FEARO Panel on the Proposed Nuclear Fuel Waste Disposal Concept.' Hull: CEAA.
Canadian Environmental Assessment Agency, 1998, *Nuclear Fuel Waste Management and Disposal Concept: Report of the Nuclear Fuel Waste Management and Disposal Concept.* Ottawa: Minister of Public Works and Government Services Canada.
Canadian Nuclear Society, 1997, 'Summary of CNS Submissions to the Environmental Assessment Panel.' Hull: CEAA.
Canadian Nuclear Society, 2005, *CNS Presentation to the NWMO Advisory Council.* Toronto: CNS.
Carole Burnham Consulting and Robert J. Redhead Ltd., 2004, *Key Points Raised during Discussion with Senior Environmental and Sustainable Development Executives.* To-

Ottawa and Toronto.

Canada/Ontario, 1981, 'Joint Statement on the Nuclear Fuel Waste Management. Program.' Minister of Energy, Mines and Resources Canada and the Ontario Energy Minister. Ottawa and Toronto.

Canadian Nuclear Safety Commission, 2004, 'Managing Radioactive Waste.' Regulatory Policy, P-290. Ottawa.

Natural Resources Canada, 1995a, 'The Development of a Federal Policy Framework for the Disposal of Radioactive Wastes in Canada: The Results of Consultations with Major Stakeholders.' Ottawa: Government of Canada.

Natural Resources Canada, 1995b, 'Discussion Paper on the Development of a Federal Policy Framework.' Ottawa.

Natural Resources Canada, 1996a, 'McLellan Announces Policy Framework for Radioactive Waste.' (10 July 1996). Ottawa: Government of Canada.

Natural Resources Canada, 1996b, 'Natural Resources Canada's Submission to the Environmental Assessment Panel.' Hull: CEAA.

Natural Resources Canada, 1998a, 'Backgrounder: Policy Framework for Radioactive Waste.' www.nrcan.gc/css/imb.hqlib/9894b.htm. Ottawa: Government of Canada.

Natural Resources Canada, 1998b, *Government of Canada Response to Recommendations of the Nuclear Fuel Waste Management and Disposal Concept Environmental Assessment Panel.* Ottawa: Government of Canada.

Natural Resources Canada, 1998c, 'News Release: Goodale Announces Government Response to Panel on Nuclear Fuel Waste.' Ottawa.

Natural Resources Canada, 1999a, *Quarterly Report on Canadian Nuclear Power Program.* Ottawa: Government of Canada.

Natural Resources Canada, 1999b, 'Synopsis of Views on Options for Federal Oversight.' Ottawa.

Parliament of Canada (Thirty-Seventh), 2002, *An Act Respecting the Long-Term Management of Nuclear Fuel Waste.* Ottawa.

公式報告書および提出資料

Aboriginal Rights Coalition, 1996, 'A Presentation of the Social, Health, and Economic Impact of AECL's Proposed Geologic Disposal of High Level Nuclear Fuel Waste in the Canadian Shield.' Hull: CEAA.

Advisory Council to the Nuclear Waste Management Organization, 2004, *Record of Discussion of the Meeting of the Advisory Council to the Nuclear Waste Management*

Wagenaar, Hendrik, 2006, 'Democracy and Prostitution: Deliberating the Legalization of Brothels in the Netherlands.' *Administration and Society* 38. 2: 198-235.
Waldron, Jeremy, ed., 1984, *Theories of Rights.* Oxford: Oxford University Press.
Warren, Mary, 1978, 'Do Potential People Have Moral Rights?' In *Obligations to Future Generations,* ed. Sikora and Barry, 14-30.
Waterstone, Marvin, ed., 1992, *Risk and Society: The Interaction of Science, Technology, and Public Policy.* Dordrecht: Kluwer.
Weber, Max, 1984, 'Legitimacy, Politics, and the State.' In *Legitimacy and the State,* ed. William Connolly. Oxford: Basil Blackwell.
Weimer, David, and Aidan Vining, 1999, *Policy Analysis: Concepts and Practice,* 3rd ed. Englewood Cliffs, NJ: Prentice Hall.
Wellman, Christopher, 1996, 'Liberalism, Samaritanism, and Political Legitimacy.' *Philosophy and Public Affairs* 25. 3: 211-37.
Williams, Melissa, 1998, *Voice, Trust, and Memory: Marginalized Groups and The Failings of Liberal Representation.* Princeton: Princeton University Press.
Williams, Melissa, 2000, 'The Uneasy Alliance of Group Representation and Deliberative Democracy.' In *Citizenship in Diverse Societies.* Eds. Will Kymlicka and Wayne Norman, 124-52. Oxford: Oxford University Press.
Wilson, Lois, 2000, *Nuclear Waste: Exploring the Ethical Dilemmas.* Toronto: United Church Publishing House.
Wood, Paul M., 2000, *Biodiversity and Democracy: Rethinking Society and Nature.* Vancouver: UBC Press.
Wynne, Brian, 1980, 'Technology, Risk, and Participation: On the Social Treatment of Uncertainty.' In *Society, Technology, and Risk Assessment,* ed. J. Conrad. London: Academic Press.
Young, Iris Marion, 1990, *Justice and the Politics of Difference.* Princeton: Princeton University Press.
Young, Iris Marion, 1999, 'Justice, Inclusion, and Deliberative Democracy.' In *Deliberative Politics: Essays on Democracy and Disagreement,* ed. Stephen Macedo, 151-8.
Young, Iris Marion, 2001, 'Activist Challenges to Deliberative Democracy.' *Political Theory* 29. 5 : 670-90.

公式な政策文書と政策声明

Canada/Ontario, 1978, 'Joint Statement on Radioactive Waste Management Program.' Minister of Energy, Mines and Resources Canada and the Ontario Energy Minister.

Stanley, Anna, 2009, 'Representing the Knowledges of Aboriginal Peoples: The "Management" of Diversity in Canada's Nuclear Fuel Waste.' In *Nuclear Waste Management in Canada,* eds. Durant and Johnson.

Steiner, Hillel, 1983, 'The Rights of Future Generations.' In *Energy and the Future,* ed. MacLean and Brown, 151-65.

Sumner, L.W.I., 1978, 'Classical Utilitarianism and the Population Optimum.' In *Obligations to Future Generations,* ed. Sikora and Barry, 91-111.

Sumner, L.W.I., 1989, *The Moral Foundation of Rights.* Oxford: Clarendon.

Sunstein, Cass, 1997, 'Deliberation, Democracy, Disagreement.' In *Justice and Democracy: Cross-Cultural Perspectives,* ed. Ron Bontekoe and Marietta Stepaniants, 93-117. Honolulu: University of Hawaii Press.

Sunstein, Cass, 2002a, 'The Law of Group Polarization.' *Journal of Political Philosophy* 10. 2: 175-95.

Sunstein, Cass, 2002b, *Risk and Reason: Safety, Law, and the Environment.* Cambridge: Cambridge University Press.

Sunstein, Cass, 2005, 'Cost-Benefit Analysis and the Environment.' *Ethics* 115: 351-85.

Tesh, Sylvia., 1999, 'Citizen Experts in Environmental Risk.' *Policy Sciences* 32. 1: 39-58.

Thiele, Leslie Paul., 2000, 'Limiting Risks: Environmental Ethics as a Policy Primer.' *Policy Studies Journal* 28. 3: 540-57.

Tickner, J., C. Raffensperger, and N. Myers, 1999, *The Precautionary Principle in Action: A Handbook.* Ames, IA: Science and Environmental Health Network.

Torgerson, Douglas, 1986, 'Between Knowledge and Politics: Three Faces of Policy Analysis,' *Policy Sciences* 19. 1: 33-59.

Torgerson, Douglas, 1990, 'Origins of the Policy Orientation: The Aesthetic Dimension in Lasswell's Political Vision.' *History of Political Thought* 11: 339-51.

Torgerson, Douglas, 1996, 'Power and Insight in Policy Discourse: Post-Positivism and Problem Definition.' In *Policy Studies in Canada: The State of the Art,* ed. Laurent Dobuzinskis, Michael Howlett, and David Laycock, 266-98. Toronto: University of Toronto Press.

Torgerson, Douglas, 1999, *The Promise of Green Politics: Environmentalism and the Public Sphere.* Durham, NC: Duke University Press.

Tribe, Lawrence, 1992, 'Policy Science: Analysis or Ideology.' In *The Moral Dimensions of Public Policy Choice: Beyond the Market Paradigm,* ed. Gillroy and Wade, Page nos.?

Valadez, Jorge, 2001, *Deliberative Democracy, Political Legitimacy, and Self-Determination in Multicultural Societies.* Boulder, CO: Westview.

Shapiro, Ian, 1999, 'Enough of Deliberation: Politics Is About Interests and Power.' In *Deliberative Politics,* ed. Macedo, 28-38.

Shapiro, Ian, 2003, 'Optimal Deliberation.' In *Debating Deliberative Democracy,* ed. Fishkin and Laslett, 123-4. Maiden, MA: Blackwell.

Shaw, William, 1999, *Contemporary. Ethics: Taking Account of Utilitarianism.* London: Blackwell.

Shrader-Frechette, Kristin, 1983, *Nuclear Power and Public Policy: The Social and Ethical Problems of Fission Technology.* Dordrecht: D. Reidel.

Shrader-Frechette, Kristin, 1991, *Risk and Rationality: Philosophical Foundations for Populist Reforms.* Berkeley: University of California Press. ＝松田毅監訳『環境リスクと合理的意思決定―市民参加の哲学』昭和堂

Shrader-Frechette, Kristin, 1996a, 'Methodological Rules for Four Classes of Scientific Uncertainty.' In *Scientific Uncertainty and Environmental Problem Solving,* ed. Lemons, 12-39.

Shrader-Frechette, Kristin, 1996b, 'Value Judgments in Verifying and Validating Risk Assessment Models.' In *Handbook for Environmental Risk Decision Making,* ed. Cothern, 291-307.

Shrader-Frechette, Kristin, 2003, *Risk and Uncertainty in Nuclear Waste Management.* NWMO Background Paper. Toronto: NWMO.

Sikora, Richard, and Brian Barry, eds., 1978, In *Obligations to Future Generations.* Philadelphia: Temple University Press.

Simmons, John, 1999, 'Justification and Legitimacy.' *Ethics* 109: 739-71.

Simon, Herbert A., 1955, 'A Behavioral Model of Rational Choice.' *Quarterly Journal of Economics* 69. 1: 99-118. ＝宮沢光一監訳「合理的選択の行動モデル」『人間行動のモデル』同文舘

Sims, Gordon H.E., 1980, *A History of the Atomic Energy Control Board.* Ottawa: Canadian Government Publishing Centre.

Singer, Peter, 1979, *Practical Ethics.* Cambridge: Cambridge University Press. ＝山内友三郎・塚崎智監訳『実践の倫理』昭和堂

Singer, Peter, 1981, 'The Concept of Moral Standing.' In *Ethics in Hard Times,* ed. Arthur Caplan and Daniel Callahan, 31-45. New York: Plenum.

Singer, Peter, 1995, *How Are We to Live? Ethics in an Age of Self-Interest.* New York: Prometheus Books. ＝山内友三郎監訳『私たちはどう生きるべきか―私益の時代の倫理』法律文化社

Slovic, Paul, 1987, 'Perceptions of Risk.' *Science* 236. 4799: 280-5.

Slovic, Paul, 1993, 'Perceived Risk, Trust, and Democracy.' *Risk Analysis* 13. 6: 675-83.

Press.

Rawls, John, 1972, *A Theory of Justice.* Oxford: Oxford University Press. =川本隆史・福間聡・神島裕子訳『改訂版　正義論』紀伊國屋書店

Rawls, John, 1993, *Political Liberalism.* New York: Columbia University Press.

Rawls, John, 1999, 'The Idea of Public Reason Revisited.' In *John Rawls: Collected Papers,* ed. Samuel Freeman, 573-615. Cambridge, MA: Harvard University Press. =中山竜一訳「公共的理性の観念・再考」『万民の法』岩波書店

Rein, Martin, 1983, 'Value-Critical Policy Analysis.' In *Ethics, the Social Sciences, and Policy Analysis,* ed. Callahan and Jennings, 83-111.

Rein, Martin, and Donald Schon, 1993, 'Reframing Policy Discourse.' In *The Argumentative Turn in Policy Analysis and Planning,* ed. Fischer and Forester, 145-66.

Richards, David, 1983, 'Contractarian Theory, Intergenerational Justice, and Energy Policy.' In *Energy and the Future,* ed. MacLean and Brown, 131-50.

Routley, Richard, and Val Routley, 1981, 'Nuclear Energy and Obligations to the Future.' In *Responsibilities to Future Generations,* ed. Partridge, 277-301.

Ryan, P. Barry, 1998, 'Historical Perspective on the Role of Exposure Assessment in Human Risk Assessment.' In *Risk Assessment: Logic and Measurement,* ed. Newman and Strojan, 23-43

Sabatier, Paul, 1988, 'An Advocacy Coalition Framework of Policy Change and the Role of Policy-Oriented Learning Therein.' *Policy Sciences* 21: 129-68.

Sabatier, Paul, 1993, 'Policy Change over a Decade or More.' In *Policy Change and Learning: An Advocacy Coalition Approach,* ed. Paul Sabatier and Hank Jenkins-Smith, 13-39. Boulder, CO: Westview.

Sagoff, Mark, 1992, 'At the Shrine of Our Lady of Fatima, or Why Political Questions Are Not All Economic.' In *The Moral Dimensions of Public Policy Choice,* ed. Gillroy and Wade, 371-85.

Salaff, Stephen, 2005, 'Native communities refuse nuclear waste.' www.sevenoaksmag.com. 27 October.

Scanlon, T.M., 1982, 'Contractualism and Utilitarianism.' In *Utilitarianism and Beyond,* ed. Sen and Williams, 103-28.

Schwartz, Thomas, 1978, 'Obligations to Posterity.' In *Obligations to Future Generations,* ed. Sikora and Barry, 3-13.

Sen, Amartya, 1985, 'Well-being, Agency, and Freedom: The Dewey Lectures.' *Journal of Philosophy* 82. 4: 169-221.

Sen, Amartya, and Bernard Williams, eds., 1982, *Utilitarianism and Beyond.* Cambridge: Cambridge University Press.

cautionary Principle. London: Cameron May.

Otway, Harry, 1987, 'Experts, Risk Communication, and Democracy.' *Risk Analysis* 7. 2: 125-9.

Page, Talbot, 1997, 'On the Problem of Achieving Efficiency and Equity, Intergenerationally.' *Land Economics* 73. 4: 580-96.

Pal, Leslie, 2001, *Beyond Policy Analysis: Public Issue Management in Turbulent Times,* 2nd ed. Scarborough, ON: Nelson.

Papadopoulos, Yannis, and Philippe Warin, 2007, 'Are Innovative, Participatory and Deliberative Procedures in Policy Making Democratic and Effective?' *European Journal of Political Research* 46. 4: 445-72.

Parfit, Derek, 1983a, 'Energy Policy and the Further Future: The Social Discount Rate.' In *Energy and the Future,* ed. MacLean and Brown, 31-7.

Parfit, Derek, 1983b, *Reasons and Persons.* Oxford: Clarendon.

Parfit, Derek, and Tyler Cowen, 1992, 'Against the Social Discount Rate.' In *Justice between Age Groups and Generations,* ed. Peter Laslett and James S. Fishkin, 144-161. New Haven: Yale University Press.

Parkinson, John, 2006, *Deliberating in the Real World: Problems of Legitimacy in Deliberative Democracy.* Oxford: Oxford University Press.

Partridge, Ernest, ed., 1981, *Responsibilities to Future Generations: Environmental Ethics.* Buffalo: Prometheus Books.

Peters, Guy, 1999, *American Public Policy: Promise and Performance,* 5th Edition. New York: Chatham House.

Pettit, Phillip, 1997, 'Consequentialism.' *A Companion to Ethics.* ed. Peter Singer, 230-40. Oxford: Blackwell.

Petts, Judith, and Catherine Brooks, 2006, 'Expert Conceptualisations of the Role of Lay Knowledge in Environmental Decisionmaking: Challenges for Deliberative Democracy.' *Environment and Planning A* 38. 6: 1045-59.

Phillips, Anne, 1993, *Democracy and Difference.* University Park, PA: Pennsylvania State University Press.

Pitkin, Hanna, 1967, *The Concept of Representation.* Berkeley and Los Angeles: University of California Press.

Popper, Karl, 1959, *The Logic of Scientific Discovery.* New York: Basic Books. ＝大内義一・森博共訳『科学的発見の論理』恒星社厚生閣

Portis, Edward Bryan, and Michael B. Levy, eds., 1988, *Handbook of Political Theory and Policy Science.* New York: Greenwood.

Posner, Richard, 2005, *Catastrophe: Risk and Response.* New York: Oxford University

Lerner, Daniel, and Harold D. Lasswell, eds., 1965, *The Policy Sciences.* Stanford: Stanford University Press.

Light, Andrew, and Avner de-Shalit, eds., 2003, *Moral and Political Reasoning in Environmental Practice*. Cambridge, MA: MIT Press.

Macedo, Stephen, 1999, *Deliberative Politics: Essays on Democracy and Disagreement.* New York: Oxford University Press.

Macklin, Ruth, 1981, 'Can Future Generations Correctly Be Said to Have Rights?' In *Responsibilities to Future Generations,* ed. Partridge, 151-5.

MacLean, Douglas, and Peter G. Brown, eds., 1983, *Energy and the Future.* Totowa, NJ: Rowman and Littlefield.

Martineau, H., 1853, *The Positive Philosophy of Auguste Comte.* London: Chapman.

McDaniels, Timothy, and Mitchell Small, eds., 2004, *Risk Analysis and Society: An Interdisciplinary Characterization of the Field.* Cambridge: Cambridge University Press.

Melo, Marcus Andre, and Gianpaolo Baiocchi, eds., 2006, 'Symposium: Deliberative Democracy and Local Governance: Towards a New Agenda.' *International Journal of Urban and Regional Research* 30. 3: 587-671.

Mill, John Stuart, 1991a, Title of essay (On Liberty?)? In *On Liberty and Other Essays,* ed. John Gray, 5-128. ＝塩尻公明・木村健康訳『自由論』岩波文庫

Mill, John Stuart, 1991b, 'Utilitarianism.' In *On Liberty and Other Essays,* 131-201.

Mishan, Ezra J., and Talbot Page., 1992, 'The Methodology of Cost-Benefit Analysis, with Particular Reference to the Ozone Problem.' In *The Moral Dimensions of Public Policy Choice,* ed. Gillroy and Wade, 59-113.

Munger, Michael, 2000, *Analyzing Policy: Choice Conflicts and Practices.* New York: W.W. Norton.

Murphy, Brenda L., and Richard Kuhn, 2009, 'Situating Canada's Approaches to Siting a Nuclear Fuel Waste Management Facility.' In *Nuclear Waste Management in Canada,* ed. Durant and Johnson.

Nagel, Thomas, 1987, 'Moral Conflict and Political Legitimacy.' *Philosophy and Public Affairs* 16.3: 215-40.

Narveson, Jan, 1967, 'Utilitarianism and New Generations.' *Mind* 76. 301: 62-72.

Narveson, Jan, 1973, 'Moral Problems of Population.' *The Monist* 57: 62-84.

Nash, James, 1996, 'Moral Values in Risk Decisions.' In *Handbook for Environmental Risk Decision Making,* ed. Cothern, 195-212.

Newman, Michael, and Carl Strojan, eds., 1998, *Risk Assessment: Logic and Measurement.* Chelsea, MI: Ann Arbor Press.

O'Riordan, Tim, James Cameron, and Andre Jordan, eds., 2001, *Reinterpreting the Pre-*

Mae Kelly, 295-329. New Brunswick: Transaction.
Howlett, Michael, and M. Ramesh, 1996, *Studying Public Policy: Policy Cycles and Policy Subsystems.* Toronto: Oxford University Press.
Hull, Ruth N., and Bradley E. Sample, 2001, 'Ecological Risk Assessment.' In *A Practical Guide to Understanding, Managing, and Reviewing Environmental Risk Assessment Reports,* ed. Benjamin and Belluck, 79-97.
Innes, Judith, and David Booher, 2003, 'Collaborative Policymaking: Governance through Dialogue.' In *Deliberative Policy Analysis,* ed. Hajer and Wagenaar, 33-59.
Jackson, David, and John de la Mothe, 2001, 'Nuclear Regulation in Transition: The Atomic Energy Control Board.' In *Canadian Nuclear Energy Policy,* ed. Doern et al., 96-112.
Jacobs, Michael, 1999, 'Sustainable Development as a Contested Concept.' In *Fairness and Futurity,* ed. Dobson, 21-45.
Jennings, Bruce, 1983, 'Interpretive Social Science and Policy Analysis.' In *Ethics, the Social Sciences, and Policy Analysis,* ed. Callahan and Jennings, 3-35.
Johnson, L.H., D.M. LeNeveu, F. King, D.W. Shoesmith, M. Kolar, D.W. Oscarson, S. Sunder, C. Onofrei, and J.L. Crosthwaite, 1996, *The Disposal of Canada's Nuclear Fuel Waste: A Study of Postclosure Safety of In-Room Emplacement of Used CANDU Fuel in Copper Containers in Permeable Plutonic Rock,* vol. 2. Ottawa: AECL.
Kant, Immanuel, 1998, *Groundwork of the Metaphysics of Morals,* ed. Mary Gregor. Cambridge: Cambridge University Press. ＝篠田英雄訳『道徳形而上学原論』岩波文庫
Kavka, Gregory, 1978, 'The Futurity Problem.' In *Obligations to Future Generations,* ed. Sikora and Barry, 180-203.
Kelman, Steven, 1992, 'Cost-Benefit Analysis: An Ethical Critique.' In *The Moral Dimensions of Public Policy Choice,* ed. Gillroy and Wade, 153-64.
Kymlicka, Will, 1988, 'Rawls on Teleology and Deontology,' *Philosophy and Public Affairs* 17 : 173-90.
Lang, Amy, 2007, 'But Is It for Real? The British Columbia Citizens' Assembly as a Model of State-Sponsored Citizen Empowerment.' *Politics and Society* 35. 1 : 35-69.
Lehtonen, Markku, 2006, 'Deliberative Democracy, Participation, and OECD Peer Reviews of Environmental Policies.' *American Journal of Evaluation* 27. 2: 185-200.
Leiss, William, 2001, *In the Chamber of Risks: Understanding Risk Controversies.* Montreal: McGill-Queen's University Press.
Lemons, John, ed., 1996, *Scientific Uncertainty and Environmental Problem Solving.* Cambridge, MA: Blackwell Science.

Griffith, William B., 2003, 'Trusteeship: A Practical Option for Realizing Our Obligations to Future. Generations.' In *Moral and Political Reasoning in Environmental Practice,* ed. Light and de-Shalit, 131-54.

Gutmann, Amy, and Dennis Thompson, 1996, *Democracy and Disagreement.* Cambridge, MA: Belknap.

Gutmann, Amy, and Dennis Thompson, 1999, 'Reply to the Critics: Democratic Disagreement.' In *Deliberative Politics,* ed. Macedo, 243-79.

Gutmann, Amy, and Dennis Thompson, 2000, 'Why Deliberative Democracy Is Different.' *Social Philosophy and Policy* 17: 161-80.

Gutmann, Amy, and Dennis Thompson, 2004, *Why Deliberative Democracy?* Princeton: Princeton University Press.

Habermas, Jürgen, 1995, *Moral Consciousness and Communicative Action.* Cambridge: Polity Press. ＝三島憲一・中野敏男・木前利秋訳『道徳意識とコミュニケーション行為』岩波書店

Hajer, Maarten, 1993, 'Discourse Coalitions and the Institutionalization of Practice: The Case of Acid Rain in Great Britain.' In *The Argumentative Turn in Policy Analysis and Planning,* ed. Fischer and Forester, 43-76.

Hajer, Maarten, 2003, 'A Frame in the Fields: Policy Making and the Reinvention of Politics.' In *Deliberative Policy Analysis,* ed. Hajer and Wagenaar, 88-110.

Hajer, Maarten, and Hendrik Wagenaar, eds., 2003, *Deliberative Policy Analysis: Understanding Governance in the Network Society.* Cambridge: Cambridge University Press.

Hamlett, Patrick W., and Michael D. Cobb, 2006, 'Potential Solutions to Public Deliberation Problems: Structured Deliberations and Polarization Cascades.' *Policy Studies Journal* 34. 4: 629-48.

Harremoës, Poul, David Gee, Malcolm MacGarvin, Andy Stirling, Jane Keys, Brian Wynne, and Sofia Guedes Vaz, eds., 2002, *The Precautionary Principle in the 20th Century: Late Lessons from Early Warnings.* London: Earthscan.

Harrison, Kathryn, and George Hoberg, 1994, *Risk, Science, and Politics: Regulating Toxic Substances in Canada and the United States.* Montreal: McGill-Queen's University Press.

Harsanyi, John, 1975, 'Can the Maximin Principle Serve as a Basis for Morality? A Critique of John Rawls's Theory.' *American Political Science Review* 69. 2: 596-606.

Hart, H.L.A., 1961, *The Concept of Law.* Oxford: Clarendon. ＝矢崎光圀監訳『法の概念』みすず書房

Hawkesworth, M.E., 1992, 'Epistemology and Policy Analysis.' In *Policy Studies Review Annual: Advances in Policy Studies since 1950,* vol. 10, ed. William N. Dunn and Rita ston, 105-35. Westport, CT: Greenwood.

Forester, John, ed., 1985, *Critical Theory and Public Life.* Cambridge, MA: M.I.T. Press.

Frankena, William, 1973, *Ethics.* Englewood Cliffs, NJ: Prentice Hall. ＝杖下隆英訳『倫理学』培風館

Fraser, Nancy, 1997, *Justice Interruptus: Critical Reflections on the 'Postsocialist' Condition.* New York: Routledge. ＝仲正昌樹監訳『中断された正義―「ポスト社会主義的」条件をめぐる批判的省察』御茶の水書房

Freeman, Samuel, 1994, 'Utilitarianism, Deontology, and the Priority of Right.' *Philosophy and Public Affairs* 23. 4: 313-49.

Freeman, Samuel, 2000, 'Deliberative Democracy,' *Philosophy and Public Affairs* 29. 4: 371-418.

Fung, Archon, 2003a, 'Associations and Democracy: Between Theories, Hopes, and Realities.' *Annual Review of Sociology* 29: 515-539.

Fung, Archon, 2003b, 'Survey Article: Recipes for Public Spheres: Eight Institutional Design Choices and the Consequences.' *Journal of Political Philosophy* 11. 3: 338-67.

Fung, Archon, and Erik Olin Wright, eds., 2003, *Deepening Democracy: Institutional Innovation in Empowered Participatory Governance.* London: Verso.

Funtowicz, Silvio, and Jerome Ravetz, 1990, *Uncertainty and Quality in Science for Policy.* Dordrecht: Kluwer.

Gillroy, John Martin, 1992a, 'The Ethical Poverty of Cost-Benefit Methods: Autonomy, Efficiency, and Public Policy Choice.' In *The Moral Dimensions of Public Policy Choice,* ed. Gillroy and Wade, 195-216.

Gillroy, John Martin, 1992b, 'Public Policy and Environmental Risk,' *Environmental Ethics* 14: 217-37.

Gillroy, John Martin, and Maurice Wade, eds., 1992, *The Moral Dimensions of Public Policy Choice: Beyond the Market Paradigm.* Pittsburgh: University of Pittsburgh Press.

Goodin, Robert, 1982, *Political Theory and Public Policy.* Chicago: University of Chicago Press.

Goodin, Robert, 1992, 'Ethical Principles for Environmental Protection.' In *The Moral Dimensions of Public Policy Choice,* ed. Gillroy and Wade, 411-25.

Goodin, Robert, 1995, *Utilitarianism as a Public Philosophy.* Cambridge: Cambridge University Press.

Govier, Trudy, 1979, 'What Should We Do about Future People.' *American Philosophical Quarterly* 16: 105-13.

Gray, John, ed., 1991, *John Stuart Mill: On Liberty and Other Essays.* Oxford: Oxford University Press.

会の政策科学者」『政策科学』10（1）：161-176
Ellis, Ralph, 1998, *Just Results: Ethical Foundations for Policy Analysis.* Washington: Georgetown University Press.
English, Jane, 'Justice between Generations.' *Philosophical Studies* 31: 91-104.
English, Mary R., 2004, 'Environmental Risk and Justice.' In *Risk Analysis and Society,* ed. Timothy McDaniels and Mitchell Small, 119-59. Cambridge: Cambridge University Press.
Feinberg, Joel, ed., 1980, *Rights, Justice, and the Bounds of Liberty: Essays in Social Philosophy.* Princeton: Princeton University Press.
Feinberg, Joel, ed., 1981, 'The Rights of Animals and Unborn Generations.' In *Responsibilities to Future Generations,* ed. Partridge.
Feinberg, Joel, ed., 1992, 'Legal Rights and Human Rights.' In *Social and Political Philosophy,* ed. John Arthur and William H. Shaw, 165-80. Englewood Cliffs, NJ: Prentice Hall.
Fiorino, Daniel J., 1990, 'Citizen Participation and Environmental Risk: A Survey of Institutional Mechanisms.' *Science, Technology, and Human Values* 15: 226-43.
Fischer, Frank, 1992, 'Reconstructing Policy Analysis - A Postpositivist Perspective.' *Policy Sciences* 25. 3: 333-9.
Fischer, Frank, 1993, 'Citizen Participation and the Democratization of Policy Expertise: From Theory Inquiry to Practical Cases.' *Policy Sciences* 26. 3: 165-87.
Fischer, Frank, 1998, 'Beyond Empiricism: Policy Inquiry in Postpositivist Perspective.' *Policy Studies Journal* 26. 1: 127-52.
Fischer, Frank, 2003, *Reframing Public Policy: Discursive Politics and Deliberative Practices.* Oxford: Oxford University Press.
Fischer, Frank, and John Forester, eds., 1989, *Confronting Values in Policy Analysis: The Politics of Criteria.* Newbury Park, CA: Sage.
Fischer, Frank, and John Forester, eds., 1993, *The Argumentative Turn in Policy Analysis and Planning.* Durham, NC: Duke University Press.
Fish, Stanley, 1999, 'Mutual Respect as a Device of Exclusion.' In *Deliberative Politics,* ed. Macedo, 88-102.
Fishkin, James, 1992, *The Dialogue of Justice: Toward a Self-reflective Society.* New Haven, CT: Yale University Press.
Fishkin, James, 2004, 'Deliberative Polling: Toward a Better-Informed Democracy.' http://cdd.stanford.edu/polls/docs.
Flores, A., and Kraft, M.E., 1988, 'Controversies in Risk Analysis in Public Management.' *Ethics, Government, and Public Policy,* ed. James Bowman and Frederick Elli-

Covello, Vincent, 1983, The Perception of Technological Risks: A Literature Review.' *Technological Forecasting and Social Change* 23. 4: 285-97.

Cross, Frank B., 1996, 'Paradoxical Perils of the Precautionary Principle.' *Washington and Lee Law Review* 53: 851-925.

de George, Richard T., 1981, 'The Environment, Rights, and Future Generations.' In *Responsibilities to Future Generations,* ed. Partridge, 157-65.

deLeon, Peter, 1988, *Advice and Consent: The Development of the Policy Sciences.* New York: Russell Sage Foundation.

deLeon, Peter, 1994, 'Reinventing the Policy Sciences: Three Steps Back to the Future.' *Policy Sciences* 27: 77-95.

de-Shalit, Avner, 1995, *Why Posterity Matters: Environmental Policies and Future Generations.* London: Routledge.

Dobson, Andrew, 1998, *Justice and the Environmental: Conceptions of Environmental Sustainability and Dimensions of Social Justice.* Oxford: Oxford University Press.

Dobson, Andrew ed., 1999, *Fairness and Futurity: Essays on Environmental Sustainability and Social Justice.* Oxford: Oxford University Press.

Doern, Bruce, Arslan Dorman, and Robert Morrison, eds., 2001, 'Transforming AECL into an Export Company: Institutional Challenges and Change.' In *Canadian Nuclear Energy Policy: Changing Ideas, Institutions, and Interests,* ed. G.B. Doern, A. Dorman, and R.W. Morrison, 74-95. Toronto: University of Toronto Press.

Dryzek, John, 1990, *Discursive Democracy: Politics, Policy and Political Science.* Cambridge: Cambridge University Press.

Dryzek, John, 2000, *Deliberative Democracy and Beyond.* New York: Oxford University Press.

Durant, Darrin, 2009, 'Public Consultation as Performative Contradiction: Limiting Discussion in Canada's Nuclear Waste Management Debate.' In *Nuclear Waste Management in Canada,* ed. Durant and Johnson.

Durant, Darrin, and Genevieve Fuji Johnson, eds., 2009, *Nuclear Waste Management in Canada: Critical Issues, Critical Perspectives.* Vancouver: UBC Press.

Durning, Dan, 1999, 'The Transition from Traditional to Postpositivist Policy Analysis: A Role for Q-Methodology.' *Journal of Policy Analysis and Management* 18. 3: 389-410.

Dworkin, Ronald, 1977, *Taking Rights Seriously.* Cambridge: Harvard University Press. ＝木下毅・小林公・野坂泰司共訳『権利論（Ⅰ・Ⅱ）』木鐸社

Easton, David, 1950, 'Harold Lasswell: Policy Scientist for a Democratic Society.' *Journal of Politics* 12: 450-77. ＝田口富久治・小鴉大輔訳「ハロルド・ラスウェル；民主社

versity Press.

Buchanan, Allen, 2002, 'Political Legitimacy and Democracy.' *Ethics* 112: 689-719.

Burgess, Adam, 2004, *Cellular Phones, Public Fears, and a Culture of Precaution.* Cambridge: Cambridge University. Press.

Callahan, Daniel, and Bruce Jennings, eds., 1983, *Ethics, the Social Sciences, and Policy Analysis.* New York: Hastings Center.

Campbell, Murray, 2005, 'Bury nuclear waste underground, group says.' *The Globe and Mail.* 4 November, A8.

Carpini, Michael X. Delli, Fay Lomax Cook, and Lawrence R. Jacobs, 2004, 'Public Deliberation, Discursive Participation, and Citizen Engagement: A Review of the Empirical Literature.' *Annual Review of Political Science* 7: 315-44.

Center for Environmental Policy, Bard College, 2000, *What Do We Owe Future Generations?* Open Forum Report: Ethics, Justice, Democracy and the Environment. Annandale-on-Hudson, NY: Center for Environmental Policy, Bard College.

Chambers, Simone, 1996, *Reasonable Democracy: Jürgen Habermas and the Politics of Discourse.* Ithaca: Cornell University Press.

Chambers, Simone, 2003, 'Deliberative Democratic Theory.' *Annual Review of Political Science* 6: 307-26.

Chilvers, Jason, 2007, 'Towards Analytic-Deliberative Forms of Risk Governance in the UK? Reflecting on Learning in Radioactive Waste.' *Journal of Risk Research* 10. 2: 197-222.

Cochran, Thomas B., and David Bodde, 1983, 'Conflicting Views on a Neutrality Criterion for Radioactive Waste Management.' In *Energy and the Future,* ed. MacLean and Brown, 110-28.

Cohen, Joshua, 1993, 'Moral Pluralism and Political Consensus.' In *The Idea of Democracy,* ed. David Copp, Jean Hampton, and John E. Roemer, 270-91. Cambridge: Cambridge University Press.

Cohen, Joshua, 1997a, 'Deliberation and Democratic Legitimacy.' In *Deliberative Democracy,* ed. Bohman and Rehg, 67-91.

Cohen, Joshua, 1997b, 'Procedure and Substance in Deliberative Democracy.' In *Deliberative Democracy,* ed. Bohman and Rehg, 407-37.

Cothern, C. Richard, ed., 1996a, *Handbook for Environmental Risk Decision Making: Values, Perceptions, and Ethics.* Boca Raton: Lewis.

Cothern, C. Richard, ed., 1996b, 'An Overview of Environmental Risk Decision Making: Values, Perceptions, and Ethics.' In *Handbook for Environmental Risk Decision Making,* ed. Cothern, 37-67.

Wesley.
Beck, Ulrich, 1992, *Risk Society: Towards a New Modernity,* trans. Mark Ritter. London: Sage. ＝東廉・伊藤美登里訳『危険社会─新しい近代への道』法政大学出版局
Beetham, David, 1991, *The Legitimation of Power.* London: MacMillan.
Belluck, David A., and Sally L. Benjamin, 2001a, 'Human Health Risk Assessment.' In *A Practical Guide to Understanding, Managing, and Reviewing Environmental Risk Assessment Reports,* eds. Sally L. Benjamin and David A. Belluck, 29-77. Boca Raton: CRC Press.
Belluck, David A., and Sally L. Benjamin, 2001b, *A Practical Guide to Understanding, Managing, and Reviewing Environmental Risk Assessment Reports,* ed. Sally L. Benjamin and David A. Belluck. Boca Raton: CRC Press.
Benhabib, Seyla, ed., 1996, *Democracy and Difference: Contesting the Boundaries of the Political.* Princeton, NJ: Princeton University Press.
Bentham, Jeremy, 1988, *The Principles of Morals and Legislation.* Buffalo: Prometheus.
Berlin, Isaiah, 1984, 'Two Concepts of Liberty.' In *Liberalism and its Critics,* ed. Michael J. Sandel, 15-36. New York: New York University Press. ＝小川晃一ほか共訳「2つの自由概念」『自由論』みすず書房
Bickham, Stephen, 1981, 'Future Generations and Contemporary Ethical Theory.' *Journal of Value Inquiry* 15: 169-77.
Bohman, James, 1996, *Public Deliberation: Pluralism, Complexity, and Democracy.* Cambridge, MA: MIT Press.
Bohman, James, and William Rehg, eds., 1997, *Deliberative Democracy: Essays on Reason and Politics.* Cambridge, MA: MIT Press.
Bothwell, Robert, 1988, *Nucleus: The History of Atomic Energy of Canada Limited.* Toronto: University of Toronto Press.
Brecher, Bob, 2002, 'Our Obligation to the Dead.' *Journal of Applied Philosophy* 19: 109-19.
Brown, Peter A., and Carmel Letourneau, 2001, 'Nuclear Fuel Waste Policy in Canada.' *Canadian Nuclear Energy Policy: Changing Ideas, Institutions, and Interests,* ed. Bruce Doern, Arslan Dorman, and Robert Morrison, 113-28. Toronto: University of Toronto Press.
Brunk, Conrad, 1992, 'Technological Risk and the Nuclear Safety Debate,' paper presented at the Environmental Ethics Workshop, Institute for Research on Environment and Economy (Ottawa: University of Ottawa), 1-2 October.
Brunk, Conrad, Lawrence Haworth, and Brenda Lee, 1991, *Value Assumptions in Risk Assessment: A Case Study of the Alachlor Controversy.* Waterloo: Wilfrid Laurier Uni-

参考文献

単行本・単行本の章・論文

Ackerman, B., and J. Fishkin, 2002, 'Deliberation Day.' *The Journal of Political Philosophy* 10. 2: 129-52.

Amy, Douglas, 1989, 'Can Policy Analysis Be Ethical?' In *Confronting Values in Policy Analysis: The Politics of Criteria.* Ed. Fischer and Forester, 45-67.

Andersen, Vibeke Normann, and Kasper M. Hansen, 2007, 'How Deliberation Makes Better Citizens: The Danish Deliberative Poll on the Euro.' *European Journal of Political Research* 464: 531-56.

Auerbach, Bruce Edward, 1995, *Unto the Thousandth Generation: Conceptualizing Intergenerational Justice.* New York: Peter Lang Publishing.

Avritzer, Leonardo, 2006, 'New Public Spheres in Brazil: Local Democracy and Deliberative Politics.' *International Journal of Urban and Regional Research* 30. 3: 623-37.

Barabas, Jason, 2004, 'How Deliberation Affects Policy Opinions.' *American Political Science Review* 98. 4: 687-701.

Barry, Brian, 1977, 'Justice between Generations.' In *Law; Morality and Society: Essays in Honour of H.L.A. Hart,* ed. P.M.S. Hacker and J. Raz, 242-73. Oxford: Clarendon.

Barry, Brian, 1978, 'Circumstances of Justice and Future Generations.' In *Obligations to Future Generations,* Eds. Richard Sikora and Brian Barry, 204-48. Philadelphia: Temple University Press.

Barry, Brian, 1991, 'The Ethics of Resource Depletion.' In *Liberty and Justice: Essays in Political Theory II.* Oxford: Clarendon.

Barry, Brian, 1995, *Justice as Impartiality.* Oxford: Clarendon.

Barry, Brian, 1999, 'Sustainability and Intergenerational Justice.' In *Fairness and Futurity: Essays on Environmental Sustainability and Social Justice,* ed. Andrew Dobson, 93-117. Oxford: Oxford University Press.

Barry, Brian, and Douglas Rae, 1975, 'Political Evaluation.' In *Handbook of Political Science,* vol. 1. eds. Fred Greenstein and Nelson Polsby, 337-401. Reading, MA: Addison

事項

索引

人名

著者紹介

Genevieve Fuji Johnson ◎ジュヌヴィエーヴ・フジ・ジョンソン

一九六八年、カナダ、ブリティッシュ・コロンビア州バンクーバー生まれ。同州スティーブストンで育つ。一九九五年、サイモン・フレイザー大学政治学部卒業。一九九七年、ロンドン大学LSE校政治理論研究科修士課程修了。二〇〇四年、トロント大学政治学研究科博士課程修了。現在、サイモン・フレイザー大学政治学部准教授。

■主要著書

Deliberative Democratic Practices in Canada: An Analysis of Institutional Empowerment in Three Cases (*Canadian Journal of Political Science* 42 (3) 2009), *Nuclear Waste Management in Canada: Critical Issues, Critical Perspectives*（共編著、ブリティッシュコロンビア大学出版局 2009), *Race, Racialization, and Anti-Racism in Canada and Beyond*（共編著、トロント大学出版局 2007), The Discourse of Democracy in Canadian Nuclear Waste Management Policy (*Policy Sciences* 40 (2) 2007)

監訳者紹介

舩橋晴俊◎ふなばし・はるとし

一九四八年、神奈川県生まれ。一九七六年、東京大学大学院社会学研究科博士課程中退。現在、法政大学社会学部教授、法政大学サステイナビリティ研究教育機構機構長。

■主要著書

『組織の存立構造論と両義性論―社会学理論の重層的探究』(東信堂、二〇一〇)、『巨大地域開発の構想と帰結―むつ小川原開発と核燃料サイクル施設』(共編、東京大学出版会、一九九八)、『核燃料サイクル施設の社会学―青森県六ヶ所村』(共著、有斐閣、近刊)

西谷内博美◎にしやうち・ひろみ

二〇〇一年、シカゴ大学人文学研究科修士課程修了。二〇〇五年、法政大学大学院社会科学研究科修士課程修了。現在、法政大学サステイナビリティ研究教育機構リサーチ・アシスタント。

■主要著書

「廃棄物管理における慣習の逆機能――北インド、ブリンダバンの事例から」(『環境社会学研究』一五、二〇〇九)、「第8章　インドの身近な地域的まとまりの素描」(名和田是彦編『コミュニティの自治』日本評論社、二〇〇九)

サス研ブックスの創刊にあたって

二〇〇九年八月、法政大学は「サステイナビリティ研究教育機構」（略称、サス研）を設立しました。サス研の課題は、サステイナビリティ（持続可能性）を備えた人類社会の実現の道を、文理協働の学際的、総合的研究を通して探究することです。

グローバリゼーションの中での世界的な経済システム、社会システムの歴史的な変化を見据えるならば、二一世紀の世界の進むべき道を示す理念として、サステイナビリティを複合的に把握する必要があります。環境との関係に即して、経済システムのあり方に即して、福祉を保障する社会システムのあり方に即して、サステイナビリティを危うくしている全世界的メカニズムや要因連関を解明するとともに、地球レベルでも地域レベルでも、政策と運動によってサステイナビリティを実現する道を探り、それに取り組んでいく必要があります。「サス研ブックス」は、環境、経済、福祉のサステイナビリティの探究を課題とするサス研の研究活動の成果を、さまざまな学問分野を横断する研究書や翻訳書のシリーズとして刊行し、サステイナビリティを備えた世界の実現に貢献することを目指します。

二〇一一年七月一日

法政大学サステイナビリティ研究教育機構　機構長　舩橋晴俊

核廃棄物と熟議民主主義
——倫理的政策分析の可能性

二〇二一年八月一〇日　第一版第一刷発行

著　者　ジュヌヴィエーヴ・フジ・ジョンソン
監訳者　舩橋晴俊、西谷内博美
発　行　新泉社
東京都文京区本郷二－五－一二
電話　〇三－三八一五－一六六二
ファックス　〇三－三八一五－一四二二
印刷・製本　三秀舎

ISBN978-4-7877-1108-3　C1036

新泉社の本

…

組織の戦略分析　不確実性とゲームの社会学

エアハルト・フリードベルグ著／舩橋晴俊、C・L＝アルヴァレス訳／四六判上製／二五〇〇円＋税

クロジエ学派の組織分析法。組織の動きを豊富な事例研究とともに体系的かつ平易に解説。

経験の社会学

フランソワ・デュベ著／山下雅之監訳、濱西栄司、森田次朗訳／A5判／二八〇〇円＋税

〈社会的排除〉と〈社会の解体〉を生きる、われわれの経験と主体性をリアルに描き出す。

声とまなざし　社会運動の社会学

アラン・トゥレーヌ著／梶田孝道訳／A5判上製／三八〇〇円＋税

社会の解体に注目し新しい社会の創造とアクターに関する理論・方法論を提示した名著。

社会運動とは何か　理論の源流から反グローバリズム運動まで

ニック・クロスリー著／西原和久、郭基煥、阿部純一郎訳／A5判上製／四二〇〇円＋税

社会学におけるこれまでの社会運動論を批判的に吟味し、新たな社会運動論を提示する。